华章 IT

HZBOOKS | Information Technology

大数据
技术丛书

Spark机器学习进阶实战

马海平 于俊 吕昕 向海◎著

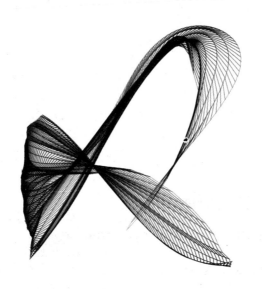

机械工业出版社
China Machine Press

图书在版编目（CIP）数据

Spark 机器学习进阶实战 / 马海平等著 . —北京：机械工业出版社，2018.9
（大数据技术丛书）

ISBN 978-7-111-60810-3

I. S… II. 马… III. 数据处理软件 IV. TP274

中国版本图书馆 CIP 数据核字（2018）第 201129 号

Spark 机器学习进阶实战

出版发行：机械工业出版社（北京市西城区百万庄大街 22 号　邮政编码：100037）

责任编辑：高婧雅　　　　　　　　　　　　　责任校对：李秋荣

印　　刷：北京市兆成印刷有限责任公司　　　版　　次：2018 年 9 月第 1 版第 1 次印刷

开　　本：186mm×240mm　1/16　　　　　　印　　张：14

书　　号：ISBN 978-7-111-60810-3　　　　　定　　价：59.00 元

凡购本书，如有缺页、倒页、脱页，由本社发行部调换

客服热线：（010）88379426　88361066　　　投稿热线：（010）88379604

购书热线：（010）68326294　88379649　68995259　　读者信箱：hzit@hzbook.com

　　上善若水，水善利万物而不争。

　　数据一如水，无色无味，非方非圆，以百态存于自然，于自然无违也。绵绵密密，微则无声，巨则汹涌；与人无争却又容纳万物。生活离不开水，同样离不开数据，我们被数据包围，在数据中生活，体会着数据量爆炸式增长带来的幸福和挑战。

　　本书从《道德经》和《庄子》精选名言，并结合大数据机器学习相关内容，对名言加以讲解，引导大家以老庄的思想认识大数据的内涵，使用机器学习进行大数据价值挖掘，探求老子道之路和庄子智慧之路。

为什么要写这本书

　　2014 年春天，曾经和公司大数据团队小伙伴一起聚焦研究大数据，为了解决国内资料匮乏、学习门槛较高的问题，着手编写《Spark 核心技术与高级应用》一书，并于 2016 年 1 月出版，取得了较好的反响，得到很多朋友的支持。

　　近年来，随着收集、存储和分析的数据量呈爆炸式增长，大规模的数据分析和数据价值挖掘能力已经成为影响企业生死存亡的关键，越来越多的企业必须面对这残酷而美好的挑战。基于大数据的机器学习有效解决了大数据带来的数据分析和数据挖掘瓶颈。

　　如何让更多的大数据从业人员更轻松地使用机器学习算法进行大数据价值挖掘，通过简单的学习建立大数据环境下的机器学习工程化思维，在不必深究算法细节的前提下，实现大数据分类、聚类、回归、协同过滤、关联规则、降维等算法，并使用这些算法解决实际业务场景的问题。2016 年秋天，在机械工业出版社高婧雅编辑的指导下，怀着一颗附庸风雅之心，

　　⊖　该书已由机械工业出版社出版，书号为 ISBN 978-7-111-52354-3。——编辑注

我决定和小伙伴们一起朝着新的目标努力。

本书的写作过程中，Spark 版本也在不断变化，秉承大道至简的原则，我们一方面尽量按照新的版本进行统筹，另外一方面尽量做到和版本解耦，希望能抛砖引玉，以个人的一些想法和见解，为读者拓展出更深入、更全面的思路。

本书只是一个开始，如何使用机器学习算法从海量数据中挖掘出更多的价值，还需要无数的大数据从业人员前赴后继，突破漫漫雄关，共同创造美好的大数据机器学习时代。

本书特色

本书介绍大数据机器学习的算法和实践，同时对传统文化进行了一次缅怀，吸收传统文化的精华，精选了《道德经》和《庄子》部分名言，实现大数据和哲学思想的有效统一。结合老子的"无为"和庄子的"天人合一"思想，引导读者以辩证法思考方式认识大数据机器学习的内涵。

从技术层面上，本书一方面基于 Spark 现有的机器学习库讲解，另一方面尽量做到和现有 Spark 版本中的机器学习库解耦，突出对大数据机器学习的宏观理解，并给出典型算法的工程化实现，使更多的人轻松使用机器学习进行大数据价值挖掘，从而建立大数据机器学习工程化思维，在不必深究算法细节的前提下有效解决实际问题。本书更加强调在实际场景中的应用，并有针对性地给出了综合应用场景。

从适合读者阅读和掌握知识的结构安排上讲，本书分"基础篇""算法篇""综合应用篇"三个维度层层推进，便于读者在深入理解基础上根据相应的解决思路找到适合自己的方案。

本书使用的机器学习算法和应用场景都是实际业务的抽象，并基于具体业务进行实现。作为本书的延续，接下来我们会聚焦应用实践并提供更深层次的拓展，专注知识图谱的技术与应用，以及 Bot 技术与构建实战，期待相关图书能和读者尽早见面。

读者对象

（1）对大数据感兴趣的读者

伴随着大数据时代的到来，很多工作都和大数据息息相关，无论是传统行业、互联网行业，还是移动互联网行业，都必须要了解大数据，通过大数据发现自身的价值。对这部分读者来说，本书的内容能够帮助他们加深对大数据/机器学习及其演进趋势的理解，通过本书可以了解机器学习相关算法，以及 Spark 机器学习应用场景和存在价值，如果希望更深层次地掌握 Spark 机器学习相关知识，本书可以作为一个很好的开始。

（2）从事大数据机器学习算法的研究人员

本书基于分类、聚类、回归、关联规则、协同过滤、降维等算法，结合异常检测、用户画像、广告点击率预估、企业征信大数据、智慧交通大数据等场景，系统地讲解了 Spark 机器学习相关知识，对从事大数据算法的研究人员来说，能够身临其境地体验各种场景，了解各类算法在不同场景下的优缺点，减少自己的研究成本。本书对生产环境中遇到的算法建模、数据挖掘等问题有很好的借鉴作用。

（3）大数据工程开发人员

大数据工程开发人员可以从本书中获取需要的机器学习算法工程化知识。对大数据工程开发人员来说，掌握并快速对算法进行工程化，是很重要的技能，本书为填补算法工程开发人员与算法研究人员之间的鸿沟、高效工作提供了更多可能。

（4）大数据架构设计人员

基于大数据的采集、存储、清洗、实时计算、统计分析、数据挖掘等是大数据架构师必备技能。他们需要对 Spark 机器学习进行了解，才能在架构设计中综合考虑各种因素，构建稳定高效的大数据架构。

如何阅读本书

本书分为三篇，共计 13 章内容。

基础篇（第 1 和 2 章），对机器学习进行概述讲解，并通过 Spark 机器学习进行数据分析。

算法篇（第 3 ～ 8 章），针对分类、聚类、回归、关联规则、协同过滤、降维等算法进行详细讲解，并进行算法建模应用实现。

综合应用篇（第 9 ～ 13 章），综合异常检测、用户画像，引出广告点击率预估，并对企业征信大数据、智慧交通大数据等场景进行实践，详细讲解基于 Spark 的大数据机器学习综合应用。

勘误和支持

由于笔者的水平有限，编写时间仓促，书中难免会出现一些错误或者不准确的地方，恳请读者批评指正。如果你有更多的宝贵意见，可以通过大数据技术交流 QQ 群 435263033，或者邮箱 datadance@163.com 联系我们，期待能够得到大家的真挚反馈，在大数据和人工智能征程中互勉共进。

致谢

感谢亲爱的搭档马海平、吕昕、向海三位大数据专家以及谭昶博士，在本书写作遇到困难的时候，我们一直互相鼓励，牺牲休息时间，坚持不放弃。

感谢大数据团队的张志勇、张龙、陈爱华、杨柳、俞祥祥、王庆庆、牛鑫、谢榭、李雅洁，以及廖攀、覃雪辉等小伙伴，你们为本书的修改贡献了宝贵的智慧，你们的参与使本书更上一层楼。

本书使用了部分互联网测试数据，包括：Stanford 的 gowalla 数据、360 的应用市场数据、UCI 的鸢尾花卉数据和裙子销售数据、数据堂的豆瓣电影评分数据、Digit 数据集、新闻 App 的用户行为数据、某运营商手机信令数据、某地图路况的道路拥堵指数数据，在这里进行特别感谢。

最后特别祝福本书写作期间出生的马海平家的二宝和向海家的二宝，你们的出生代表了大数据机器学习有了新的传承，也让我们的努力变得更有意义。

谨以此书献给大数据团队的小伙伴，以及众多热爱大数据机器学习技术的朋友！

于俊

2018 年 8 月

Contents 目　录

第三篇 综合应用篇

第一篇 *Part 1*

基 础 篇

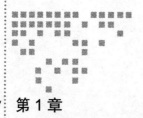

机器学习概述

慎终如始，则无败事。

————《道德经》第六十四章

谨慎地做到最终，就像开始时一样，就不会有失败和差错。

但凡人们办事时，容易虎头蛇尾，开始时认真、细致、谨慎、严肃，久后则敷衍、马虎、粗心、草率，这样往往事倍功半。办任何事情，自始至终都应慎之又慎，这样才不会出现差错。故老子用"慎终如始"告诫人们办事应有始有终，始终如一，这样才不至于把事情办糟，大数据机器学习实践之路也是如此。

本章从机器学习的相关基本概念讲起，包括大数据、机器学习、大数据生态中的机器学习，并针对机器学习算法进行分类归纳，总结机器学习的综合应用场景。

1.1 机器学习概述

随着大数据的发展，机器学习进入了最美好的时代，通过"涟漪效应"逐步迭代，大数据推动机器学习真正实现落地。

接下来，我们从大数据讲起，扩展到机器学习的发展和大数据生态。

1.1.1 理解大数据

提起大数据，人们会不由地想起盲人摸象的故事。

从前，有四个盲人很想知道大象是什么样子，可他们看不见，只好用手摸。胖盲人摸到大象的牙齿,认为大象就像一个又大、又粗、又光滑的大萝卜;高个子盲人摸到大象的耳朵,认为大象是一把大蒲扇;矮个子盲人摸到了大象的腿,认为大象只是根大柱子;年老的盲人摸到大象的尾巴,认为大象只是一根草绳。如图 1-1 所示,四个盲人争吵不休,都说自己摸到的才是大象真正的样子。

图 1-1 "盲人摸象"故事

从这个故事可以看出,数据源越多越精确,越能无限逼近事实和真相,越能获得更深邃的智慧和洞察,这就是大数据的价值。

"大数据(Big Data,BD)"的概念早已有之,1980 年著名未来学家阿尔文·托夫勒在《第三次浪潮》一书中,将大数据热情地赞颂为"第三次浪潮的华彩乐章"。近几年,"大数据"和"物联网""云计算""人工智能"一道成为信息技术行业的流行词汇,理清楚它们的关系是理解大数据的前提,但是和大数据概念一样,每个人都有自己的理解。

徐宗本院士在"再论大数据——在人工智能的浪潮下对大数据的再认识"报告中提出大数据与其他信息技术的关系:物联网是"交互方式",云计算是"基础设施",人工智能是"场景应用",大数据是"交互内容"。大数据使用物联网交互方式、存储在云计算基础设施、支持人工智能场景应用,生成完整的价值链。

陈国良院士在"大数据与高性能计算"报告中提出了物联网(IoT)、大数据(BD)、云计算(CC)生态链,如图 1-2 所示。① IoT 通过采集与捕获产生了 BD;② BD 为 CC 找到了更多的实际应用;③ CC 为 BD 提供了弹性可扩展的存储和并行处理;④ BD 为 IoT 产生了大价值,云计算与高性能计算是一对在出生时被分开的兄弟,两者相结合得到的高性能云计算能产生更大的价值。

总之,大数据的存储、处理需要云计算基础设施的支撑,云计算需要海量数据的处理能力证明自

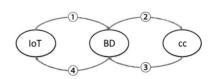

图 1-2 物联网、云计算、大数据生态链

身的价值；人工智能技术的进步离不开云计算能力的不断增长，云计算让人工智能服务无处不在、触手可及；大数据的价值发现需要高效的人工智能方法，人工智能的自我学习需要海量数据的输入。随着大数据和人工智能的深度融合，高度数据化的 AI（人工智能）和高度智能化的 DT（大数据技术）并存将是时代新常态。

1.1.2 机器学习发展过程

机器学习（Machine Learning，ML）是人工智能的核心，涉及统计学、系统辨识、逼近理论、神经网络、优化理论、计算机科学、脑科学等诸多领域，研究计算机怎样模拟或实现人类的学习行为，以获取新的知识或技能，重新组织已有的知识结构从而不断改善自身的性能。

相对于传统机器学习利用经验改善系统自身的性能，现在的机器学习更多是利用数据改善系统自身的性能。基于数据的机器学习是现代智能技术中的重要方法之一，它从观测数据（样本）出发寻找规律，利用这些规律对未来数据或无法观测的数据进行预测。

机器学习的发展过程分为三个阶段。

第一阶段，逻辑推理期（1956 年—1960 年），以自动定理证明系统为代表，如西蒙与纽厄尔的 Logic Theorist 系统，但是逻辑推理存在局限性。

第二阶段，知识期（1970 年—1980 年），以专家系统为代表，如费根·鲍姆等人的 DENDRAL 系统，存在要总结出知识、很难"教"给系统的问题。

第三阶段，学习期（1990 年至今），机器学习是作为"突破知识工程瓶颈"之利器出现的。在 20 世纪 90 年代中后期，人类发现自己淹没在数据的海洋中，机器学习也从利用经验改善性能转变为利用数据改善性能。这阶段，人们对机器学习的需求也日益迫切。

典型的机器学习过程是以算法、数据的形式，利用已知数据标注未知数据的过程。如图 1-3 所示，首先需要将数据分为训练集和样本集（训练集的类别标记已知），通过选择合适的机器学习算法，将训练数据训练成模型，通过模型对新样本集进行类别标记。

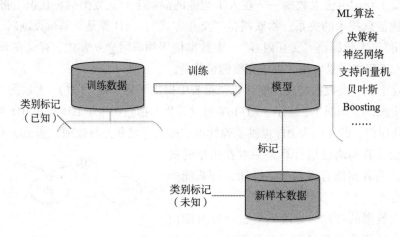

图 1-3 典型的机器学习过程

使用机器学习解决实际问题需要具体问题具体分析，根据场景进行算法设计。

1.1.3　大数据生态环境

在大数据生态环境中，包括数据采集、数据存储、数据预处理、特征处理、模型构建、数据可视化等，通过分类、聚类、回归、协同过滤、关联规则等机器学习方法，深入挖掘数据价值，并实现数据生态的良性循环。

如同海量数据存储在云计算设备中，水存储在江河湖海之中；数据采集可以理解为从各种渠道聚集水进入江河湖海；数据预处理可以理解为水之蒸发、过滤、提取形成天上云的过程；云进行特征的自我变化和重组，最终形成可以转变的状态；基于机器学习的模型构建，即可以理解为不同天气状况下的云转变成雨水、雪花、冰雹、寒霜、雾气的变化过程。

水存储在江河湖海中，经过蒸发、过滤、提取形成云，云自我变化、重组，而在不同天气下转变成雨水、雪花、冰雹、寒霜、雾气过程的可视化观察，可以理解为人对自然把握和发现的过程。

数据流转生态如图 1-4 所示。

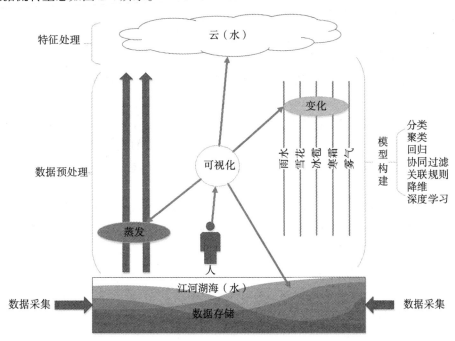

图 1-4　数据流转生态

可以简单抽象一下，云转换成雨水、雪花、冰雹、寒霜、雾气的过程就是分类的过程，云按照任何一种变化（如雨水）汇集的过程就是聚类的过程。根据历史雨水的情况，预测即将降雨的情况就是回归过程。在某种气候条件下，雨水和雪花会并存，产生"雨夹雪"的天气情况，这就是关联过程。根据对雨水、雪花、冰雹、寒霜、雾气的喜好程度，选择观察自己喜好的天气，就是协同过滤的过程。导致天气变化的因素很多（很多和雾霾有关），处理起来有难度，在不丧失主要特征的情况，去掉部分特征，这个过程就是特征降维的过程。

通过模拟人类大脑的神经连接结构，将各种和雾霾相关的天气特征转换到具有语义特征的新特征空间，自动学习得到层次化的特征表示，从而提高雾霾的预报性能，这就是深度学习过程。

1.2　机器学习算法

根据学习方法不同可以将机器学习分为传统机器学习、深度学习、其他机器学习。参考 Kaggle 机器学习大调查，数据科学中更常见的还是传统经典的机器学习算法，简单的线性与非线性分类器是数据科学中最常见的算法，功能强大的集成方法也十分受欢迎。

最常用的数据科学方法是逻辑回归，而国家安全领域则更为频繁使用神经网络。总的来说，目前神经网络模型的使用频率要高于支持向量机，这可能是因为近来多层感知机要比使用带核函数的 SVM 有更加广泛的表现。

1.2.1　传统机器学习

传统机器学习从一些观测（训练）样本出发，试图发现不能通过原理分析获得的规律，实现对未来数据行为或趋势的准确预测。传统机器学习平衡了学习结果的有效性与学习模型的可解释性，为解决有限样本的学习问题提供了一种框架，主要用于有限样本情况下的模式分类、回归分析、概率密度估计等。传统机器学习方法的重要理论基础之一是统计学，在自然语言处理、语音识别、图像识别、信息检索和生物信息等许多计算机领域获得了广泛应用。

相关算法包括逻辑回归、隐马尔可夫方法、支持向量机方法、K 近邻方法、三层人工神经网络方法、Adaboost 算法、贝叶斯方法以及决策树方法等。

（1）分类方法

分类方法是机器学习领域使用最广泛的技术之一。分类是依据历史数据形成刻画事物特征的类标识，进而预测未来数据的归类情况。目的是学会一个分类函数或分类模型（也称作分类器），该模型能把数据集中的事物映射到给定类别中的某一个类。在分类模型中，我们期望根据一组特征来判断类别，这些特征代表了物体、事件或上下文相关的属性。

（2）聚类方法

聚类是指将物理或抽象的集合分组成为由类似的对象组成的多个类的过程。由聚类生成的簇是一组数据对象的集合，这些对象与同一个簇中的对象彼此相似，与其他簇中的对象相异。在许多应用中，一个簇中的数据对象可作为一个整体来对待。在机器学习中，聚类是一种无监督的学习，在事先不知道数据分类的情况下，根据数据之间的相似程度进行划分，目的是使同类别的数据对象之间的差别尽量小，不同类别的数据对象之间的差别尽量大。通常使用 KMeans 进行聚类，聚类算法 LDA 是一个在文本建模中很著名的模型，类似于 SVD、PLSA 等模型，可以用于浅层语义分析，在文本语义分析中是一个很有用的模型。

（3）回归方法

回归是根据已有数值（行为）预测未知数值（行为）的过程，与分类模式分析不同，预测分析更侧重于"量化"。一般认为，使用分类方法预测分类标号（或离散值），使用回归方法预测连续或有序值。如用户对这个电影的评分是多少？用户明天使用某个产品（手机）的概率有多大？常见的预测模型基于输入的用户信息，通过模型的训练学习，找出数据的规律和趋势，以确定未来目标数据的预测值。

（4）关联规则

关联规则是指发现数据中大量项集之间有趣的关联或相关联系。挖掘关联规则的步骤包括：① 找出所有频繁项集，这些项集出现的频繁性至少和预定义的最小支持计数一样；② 由频繁项集产生强关联规则，这些规则必须满足最小支持度和最小置信度。随着大量数据不停地收集和存储，许多业界人士对从数据集中挖掘关联规则越来越感兴趣。从大量商务事务记录中发现有趣的关联关系，可以帮助制定许多商务决策。通过关联分析发现经常出现的事物、行为、现象，挖掘场景（时间、地点、用户性别等）与用户使用业务的关联关系，从而实现因时、因地、因人的个性化推送。

（5）协同过滤

随着互联网上的内容逐渐增多，人们每天接收的信息远远超出人类的信息处理能力，信息过载日益严重，因此信息过滤系统应运而生。信息过滤系统基于关键词，过滤掉用户不想看的内容，只给用户展示感兴趣的内容，大大地减少了用户筛选信息的成本。协同过滤起源于信息过滤，与信息过滤不同，协同过滤分析用户的兴趣并构建用户兴趣模型，在用户群中找到指定用户的相似兴趣用户，综合这些相似用户对某一信息的评价，系统预测该指定用户对此信息的喜好程度，再根据用户的喜好程度给用户展示内容。

（6）特征降维

特征降维自 20 世纪 70 年代以来获得了广泛的研究，尤其是近几年以来，在文本分析、图像检索、消费者关系管理等应用中，数据的实例数目和特征数据都急剧增加，这种数据的海量性使得大量机器学习算法在可测量性和学习性能方面产生严重问题。例如，具有成百上千特征的高维数据集，会包含大量的无关信息和冗余信息，这些信息可能极大地降低学习算法的性能。因此，当面临高维数据时，特征降维对于机器学习任务显得十分重要。特征降维从初始高维特征集中选出低维特征集合，以便根据一定的评估准则最优化、缩小特征空间的过程，通常作为机器学习的预处理步骤。大量研究实践证明，特征降维能有效地消除无关和冗余特征，提高挖掘任务的效率，改善预测精确性等学习性能，增强学习结果的易理解性。

1.2.2 深度学习

深度学习又称为深度神经网络（指层数超过 3 层的神经网络），是建立深层结构模型的学习方法。深度学习作为机器学习研究中的一个新兴领域，由 Hinton 等人于 2006 年提出。深度学习源于多层神经网络，其实质是给出了一种将特征表示和学习合二为一的方式。深度学习的特点是放弃了可解释性，单纯追求学习的有效性。经过多年的摸索尝试和研究，已经产生了诸多深度神经网络的模型，包括深度置信网络、卷积神经网络、受限玻尔兹曼机和循环神经网络等。其中卷积神经网络、循环神经网络是两类典型的模型。**卷积神经网络常应用于空间性分布数据；循环神经网络在神经网络中引入了记忆和反馈，常应用于时间性分布数据。**

深度学习框架一般包含主流的神经网络算法模型，提供稳定的深度学习 API，支持训练模型在服务器和 GPU、TPU 间的分布式学习，部分框架还具备在包括移动设备、云平台在内的多种平台上运行的移植能力，从而为深度学习算法带来了前所未有的运行速度和实用性。

目前主流的开源算法框架有 TensorFlow、Caffe/Caffe2、CNTK、MXNet、PaddlePaddle、Torch/PyTorch、Theano 等。

深度学习是机器学习研究中的一个分支领域，其动机在于建立、模拟人脑进行分析学习神经网络，它模仿人脑的机制来解释数据，例如图像、声音和文本。从技术上来看，深度学习就是"很多层"的神经网络，神经网络实质上是多层函数嵌套形成的数据模型。

伴随着云计算、大数据时代的到来，计算能力的大幅提升，深度学习模型在计算机视觉、自然语言处理、语音识别等众多领域都取得了较大的成功。

1.2.3 其他机器学习

此外，机器学习的常见算法还包括迁移学习、主动学习和演化学习等。

（1）迁移学习

迁移学习是指当在某些领域无法取得足够多的数据进行模型训练时，利用另一领域的数据获得的关系进行学习。迁移学习可以把已训练好的模型参数迁移到新的模型，指导新模型训练，更有效地学习底层规则、减少数据量。目前的迁移学习技术主要在变量有限的小规模应用中使用，如基于传感器网络的定位、文字分类和图像分类等。未来迁移学习将被广泛应用于解决更有挑战性的问题，如视频分类、社交网络分析、逻辑推理等。

（2）主动学习

主动学习通过一定的算法查询最有用的未标记样本，并交由专家进行标记，然后用查询到的样本训练分类模型来提高模型的精度。主动学习能够选择性地获取知识，通过较少的训练样本获得高性能的模型，最常用的策略是通过不确定性准则和差异性准则选取有效的样本。

（3）演化学习

演化学习基于演化算法提供的优化工具设计机器学习算法，针对机器学习任务中存在大量的复杂优化问题，应用于分类、聚类、规则发现、特征选择等机器学习与数据挖掘问题。演化算法通常维护一个解的集合，并通过启发式算子来从现有的解产生新解，并通过挑选更好的解进入下一次循环，不断提高解的质量。演化算法包括粒子群优化算法、多目标演化算法等。

1.3　机器学习分类

机器学习无疑是当前数据分析领域的一个热点内容。很多人在平时工作中都或多或少会用到机器学习算法。机器学习按照学习形式进行分类，可分为监督学习、无监督学习、半监督学习、强化学习等。区别在于，监督学习需要提供标注的样本集，无监督学习不需要提供标注的样本集，半监督学习需要提供少量标注的样本，而强化学习需要反馈机制。

1.3.1　监督学习

监督学习是利用已标记的有限训练数据集，通过某种学习策略 / 方法建立一个模型，实现对新数据 / 实例的标记（分类）/ 映射。监督学习要求训练样本的分类标签已知，分类标签的精确度越高，样本越具有代表性，学习模型的准确度越高。监督学习在自然语言处理、信息检索、文本挖掘、手写体辨识、垃圾邮件侦测等领域获得了广泛应用。

监督学习的输入是标注分类标签的样本集，通俗地说，就是给定了一组标准答案。监督学习从这样给定了分类标签的样本集中学习出一个函数，当新的数据到来时，就可以根据这个函数预测新数据的分类标签。监督学习过程如图 1-5 所示。

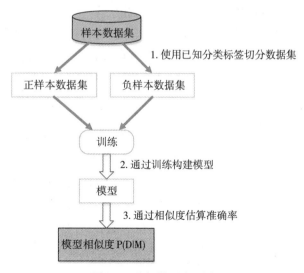

图 1-5　监督学习流程图

在监督学习下，输入数据被称为"训练数据"，每组训练数据有一个明确的标识或结果，如对反垃圾邮件系统中的"垃圾邮件""非垃圾邮件"分类等。在建立预测模型的时候，监督学习建立一个学习过程，将预测结果与"训练数据"的实际结果进行比较，不断调整预测模型，直到模型的预测结果达到一个预期的准确率。

最典型的监督学习算法包括回归和分类等。

1.3.2 无监督学习

无监督学习是利用无标记的有限数据描述隐藏在未标记数据中的结构/规律。无监督学习不需要训练样本和人工标注数据，便于压缩数据存储、减少计算量、提升算法速度，还可以避免正负样本偏移引起的分类错误问题，主要用于经济预测、异常检测、数据挖掘、图像处理、模式识别等领域，例如组织大型计算机集群、社交网络分析、市场分割、天文数据分析等。

无监督学习与监督学习相比，样本集中没有预先标注好的分类标签，即没有预先给定的标准答案。它没有告诉计算机怎么做，而是让计算机自己去学习如何对数据进行分类，然后对那些正确分类行为采取某种形式的激励。在无监督学习中，数据并不被特别标识，学习模型是为了推断出数据的一些内在结构。常见的应用场景包括关联规则的学习以及聚类等。常见算法包括 Apriori 算法、KMeans 算法、随机森林（random forest）、主成分分析（principal component analysis）等。

1.3.3 半监督学习

半监督学习介于监督学习与无监督学习之间，其主要解决的问题是利用少量的标注样本和大量的未标注样本进行训练和分类，从而达到减少标注代价、提高学习能力的目的。

在此学习方式下，输入数据部分被标识，部分没有被标识，这种学习模型可以用来进行预测，但是该模型首先需要学习数据的内在结构以便合理地组织数据进行预测。

应用场景包括分类和回归，算法包括一些对常用监督学习算法的延伸，这些算法首先试图对未标识数据进行建模，在此基础上再对标识的数据进行预测。如图论推理（graph inference）算法或者拉普拉斯支持向量机（Laplacian SVM）等。

1.3.4 强化学习

强化学习是智能系统从环境到行为映射的学习，以使强化信号函数值最大。由于外部环境提供的信息很少，强化学习系统必须靠自身的经历进行学习。强化学习的目标是学习从环境状态到行为的映射，使得智能体选择的行为能够获得环境的最大奖赏，使得外部环境对学习系统在某种意义下的评价为最佳。其在机器人控制、无人驾驶、下棋、工业控制等领域获得成功应用。

在这种学习模式下，输入数据作为对模型的反馈，不像监督模型那样，输入数据仅仅是作为一个检查模型对错的方式。在强化学习下，输入数据直接反馈到模型，模型必须对此立刻做出调整。常见的应用场景包括动态系统以及机器人控制等。

常见算法包括 Q-Learning 以及时间差学习（temporal difference learning）。

1.4　机器学习综合应用

机器学习的应用贯穿古今，《草船借箭》是三国赤壁之战里的著名桥段，借箭由周瑜故意提出（限十天造十万支箭），机智的诸葛亮一眼识破这是一条害人之计，却淡定表示"只需要三天"。后来，有大雾天帮忙，诸葛亮再利用曹操多疑的性格，调了几条草船诱敌，终于借足十万支箭，立下奇功，如图 1-6 所示。

图 1-6　草船借箭与大数据

"草船借箭"和大数据有什么关系呢？

首先它涉及数据收集，收集多元化的"非结构"类型的数据；其次涉及数据分析，基于对风、云、温度、湿度、光照和所处节气的综合分析得到大雾天的预测，便于实施草船借箭。

机器学习已经"无处不在"，应用遍及人工智能的各个领域，包括数据挖掘、计算机视觉、自然语言处理、语音和手写识别、生物特征识别、搜索引擎、医学诊断、信用卡欺诈检测、证券市场分析、汽车自动驾驶、军事决策等。

下面我们从异常检测、用户画像、广告点击率预估、企业征信大数据应用、智慧交通大数据应用等方面介绍大数据的综合应用。

1.4.1 异常检测

异常是指某个数据对象由于测量、收集或自然变异等原因变得不同于正常的数据对象的场景，找出异常的过程，称为异常检测。根据异常的特征，可以将异常分为以下三类：点异常、上下文异常、集合异常。

异常检测的训练样本都是非异常样本，假设这些样本的特征服从高斯分布，在此基础上估计出一个概率模型，用该模型估计待测样本属于非异常样本的可能性。异常检测步骤包括数据准备、数据分组、异常评估、异常输出等步骤。

使用某新闻 App 用户行为数据进行异常检测实践，详见第 9 章。

1.4.2 用户画像

用户画像的核心工作就是给用户打标签，标签通常是人为规定的高度精炼的特征标识，如年龄、性别、地域、兴趣等。由这些标签集合能抽象出一个用户的信息全貌，每个标签分别描述了该用户的一个维度，各个维度相互联系，共同构成对用户的整体描述。

构建用户画像的第一步就是搞清楚需要构建什么样的标签，而构建什么样的标签是由业务的需求和数据的实际情况共同决定的。用户画像能够用于产品定位、竞品分析、营收分析等，为产品设计方向与决策提供数据支持和事实依据。在产品的运营和优化中，根据用户画像能够深入理解用户需求，从而设计出更适合用户的产品，提升用户体验。

使用某新闻 App 用户行为数据构建用户画像的流程和一些常用的标签体系实践，详见第 10 章。

1.4.3 广告点击率预估

互联网广告是互联网公司主要的盈利手段，互联网广告交易的双方是广告主和媒体。为自己的产品投放广告并为广告付费；媒体是有流量的公司，如各大门户网站、各种论坛，它们提供广告的展示平台，并收取广告费。

广告点击率（Click Through Rate，CTR）是指广告的点击到达率，即广告的实际点击次数除以广告的展现量。在实际应用中，我们从广告的海量历史展现点击日志中提取训练样本，构建特征并训练 CTR 模型，评估各方面因素对点击率的影响。当有新的广告位请求到达时，就可以用训练好的模型，根据广告交易平台传过来的相关特征预估这次展示中各个广告的点击概率，结合广告出价计算得到的广告点击收益，从而选出收益最高的广告向广告交易平台出价。

构建用户画像后，进行 CTR 模型的训练实践，详见第 11 章。

1.4.4 企业征信大数据应用

征信是指为信用活动提供信用信息服务，通过依法采集、整理、保存、加工企业、事业单位等组织的信用信息和个人的信用信息，并提供给信息使用者。征信是由征信机构、信息提供方、信息使用方、信息主体四部分组成，综合起来，形成了一个整体的征信行业的产业链。

征信机构向信息提供方采集征信相关数据，信息使用方获得信息主体的授权以后，可以向征信机构索取该信息主体的征信数据，从征信机构获得征信产品，针对企业来说，是由该企业的各种维度数据构成的征信报告。

关于企业征信大数据的技术架构，以及企业征信大数据在不同场景的应用，详见第 12 章。

1.4.5　智慧交通大数据应用

智慧交通大数据应用是以物联网、云计算、大数据等新一代信息技术，结合人工智能、机器学习、数据挖掘、交通科学等理论与工具，建立起的一套交通运输领域全面感知、深度融合、主动服务、科学决策的动态实时信息服务体系。基于人工智能和大数据技术的叠加效应，结合交通行业的专家知识库建立交通数据模型，解决城市交通问题，是交通大数据应用的首要任务。

交通大数据模型主要分为城市人群时空图谱、交通运行状况感知与分析、交通专项数字化运营和监管、交通安全分析与预警等几大类。

关于通过人群生活模式划分和道路拥堵模式聚类，以及相关结果分析，实现交通数据的价值，让城市交通更加智慧等，详见第 13 章。

1.5　本章小结

本章从大数据的概念讲起，主要介绍机器学习的基础概念，以及机器学习的发展过程，用一个形象的例子讲解大数据生态中的机器学习，并按照传统机器学习（包括分类、聚类、回归、关联规则、协同过滤、数据降维等）、深度学习，以及其他机器学习（迁移学习、主动学习、演化学习）进行算法讲解。接着按照学习形式将机器学习划分为监督学习、无监督学习、半监督学习、强化学习进行分类说明，最后概要介绍机器学习综合应用场景。

本章只是一个开始，以期使读者对大数据机器学习的应用情况有一个全貌概览，接下来开始基于 Spark 进行机器学习算法实践。

数据分析流程和方法

夫物芸芸，各复归其根。

——《道德经》第十六章

万物纷纷芸芸，各自返回它的本根。深入本根才能更好地认识自然规律，符合自然的"道"。

数据驱动时代，无论你的工作内容是什么，掌握一定的数据分析能力，都可以帮你更好地认识世界，更好地提升工作效率。数据分析除了包含传统意义上的统计分析之外，也包含寻找有效特征、进行机器学习建模的过程，以及探索数据价值、找寻数据本根的过程。

在本章中，我们首先对数据分析的概念进行概述，随后围绕数据讲解数据分析的流程，包括业务调研、明确目标、数据准备、特征处理、模型训练与评估、输出结论等，在此基础上介绍数据分析的基本方法，最后使用 Spark 开发环境构建简单的数据分析示例应用。

2.1 数据分析概述

随着商业智能（Business Intelligence，BI）的发展，实现数据的商业价值，并通过数据驱动企业的商业化、信息化建设显得越来越重要，为了获得更好的数据分析结果，在实践中抽象了分析数据的方法和流程，这就是数据分析（Data Analysis，DA）。

传统的数据分析是指用适当的统计分析方法对收集来的大量数据进行分析、提取有用信息并形成结论，而对数据加以详细研究和概括总结的过程，是数据价值挖掘的基础。随着数据分析的发展，数据分析扩展成一个包含数据预处理、特征处理和数据建模，使用机器学习方法进行数据挖掘的过程。

数据分析以分析为骨骼、数据为血肉，按照一定的方法有理有据组织结论，数据分析架构如图 2-1 所示，数据分析流程以调研为起点，以结论为终点，以方法为支撑，围绕数据进行分析。

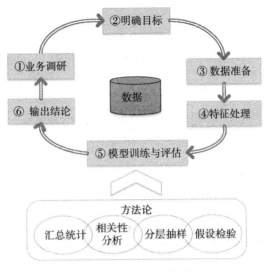

图 2-1　数据分析架构

数据分析的基本方法以统计为主，只有熟悉业务，经过合理的数据分析，才能提供有价值的分析结论和建议。数据分析重调研、轻方法，调研要亲临一线去询问、了解实际情况，切忌数据空想，数据分析要言之有物，行之有效。

2.2　数据分析流程

数据分析可以帮助我们从数据中发现有用信息，找出有建设性的结论，并基于分析结论辅助决策。如图 2-2 所示，数据分析流程主要包括业务调研、明确目标、数据准备、特征处理、模型训练与评估、输出结论6 个关键环节。

数据分析能力并非一朝一夕养成的，需要长期扎根业务进行积累，需要长期根据数据分析流程一步一个脚印地分析问题，培养

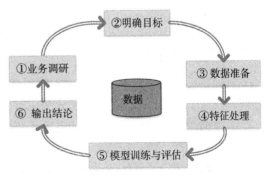

图 2-2　数据分析流程

自己对数据的敏感度，从而养成用数据分析、用数据说话的习惯。当你可以基于一些数据，根据自己的经验做出初步的判断和预测，你就基本拥有数据思维了。

接下来对数据分析流程进行针对性的讲解。

2.2.1 业务调研

数据分析的常见困难是不知道最值得调研的问题是什么、无法获取大量可靠的数据、复杂问题难以拆解、难以追查问题背后的真实原因、难以提前预判方案是否可行。

调研主要分为 3 个阶段。

1）调研准备阶段，这个阶段要进行调研计划编写和确认、调研背景资料的准备，这个阶段的工作质量将对能否顺利开展调研工作起到关键保障作用。

2）调研实施阶段，根据调研计划完成各项调研工作，倾听客户的痛点、难点、堵点，思考解决痛点、攻克难点、疏通堵点的思路和方法。

3）调研总结阶段，根据现场调研结果，总结并提出合理数据分析解决方案，找出问题的真正原因，趁热打铁，把后续工作落实到一定程度，此时调研工作才能算结束。

调研是数据分析的起点，也是指引后续分析的灯塔。很多时候，调研清楚了，数据采集到了，结论就很明显了。

2.2.2 明确目标

明确目标是指通过调研结果定义问题、拆解问题，根据拆解的问题进一步量化指标，具体思路如下。

1）问题定义，对调研出来的问题进行定义，找出性价比最高的问题。

2）拆解问题，一个问题并非仅由一个原因引起，可能是很多因素互相影响的结果，这个时候要找出所有可能的因素，对问题进行拆解。比如网页搜索体验不好，原因可能是数据来源问题、相关性问题、Query 解析问题、版本不稳定等。

3）量化指标，就是将指标进行量化，转化为数值型或者有序型指标。将指标进行量化，如版本稳定性这样的影响因子，可以通过崩溃日志和错误日志计算出每个版本的崩溃率、出错率等指标来表达。有时受限于我们拥有的数据，并不是列举的所有留存影响因素都能被处理成量化的指标，因此就需要通过技术手段获得这些数据。

2.2.3 数据准备

明确目标之后，进一步需要确定数据源，准备数据、统一数据标准，并对数据进行预处理。在这个阶段，需要把各个字表关联起来，形成一张数据宽表。

❏ 数据源，确定数据来源，并有效地获取数据。

❏ 数据标准，统一定义数据指标的含义，对于数据标准的明确，需要结合数据分析调研的需求以及具体业务场景，定义清晰的数据标准对后面的数据 ETL 以及建模、分析具有重要意义。

❏ 数据预处理，也叫数据 ETL，用来描述对原始数据抽取、清洗转换和加载的过程。ETL 按照统一的规则集成并提高数据的价值，是将数据从数据源向目标数据仓库（DW）转化的过程。

（1）数据抽取

数据的抽取是从各个不同的数据源抽取数据并存储到操作数据存储（Operational Data Store，ODS）中的过程，在抽取的过程中需要选择不同的抽取方法，尽量提高 ETL 的运行效率。一般认为，与存放 DW 的数据库系统相同的数据源直接建立链接，与 DW 数据库系统不同的数据源采取工具导出、工具导入的方法，对于文件类型的数据源先利用业务人员导入临时数据库中转抽取，对于数据量大的系统采取增量抽取。

（2）数据清洗转换

数据清洗转换包括数据清洗和数据转换两个过程。

数据清洗是指对空数据、缺失数据进行补缺操作，对非法数据进行替换，保证数据的正确性。

数据转换是指对数据进行整合、拆分和变换，数据整合是指通过多表关联，将不同类型数据之间可能存在潜在关联关系的多条数据进行合并，通过数据的整合，丰富数据维度，有利于发现更多有价值的信息。数据拆分是指按一定规则对数据进行拆分，将一条数据拆分为多条。数据变换是指对数据进行行列互换、排序、修改序号、去除重复记录变换操作。

（3）数据加载

数据加载将清洗转换后的数据加载到数据仓库中，数据加载有多种方式，主要包括：时间戳方式、日志表方式、全表对比方式、全表删除再插入方式等，其中时间戳方式、日志表方式、全表对比方式属于增量加载，全表删除再插入方式属于全量加载，实践中建议增量加载。

在实际应用中，单机处理海量数据的 ETL 变得越来越困难，Spark 能够较好地支持海量数据的 ETL 工作，Spark 的应用程序编程接口（Application Programming Interface，API）简单易用，处理大数据时效率很高，并且较好地支持了对各种主流数据库的访问，DataFrame 提供了详细的数据结构信息，使得 Spark SQL 可以方便地了解数据的组成、结构和数据类型。

2.2.4　特征处理

数据预处理对数据进行了初步的抽取和清洗，更进一步，可以从数据中提取有用的特征用于机器学习建模，接下来介绍数据特征处理的方法。

在数据分析中，我们把数据对象称作样本，数据对象拥有一些基本特性，叫作特征或维度。例如，对于一个学生信息的样本数据，每一个样本对应一个学生，而数据集中学生的 ID、年级、成绩等则是学生的特征。

1. 特征向量化

除了基本的统计分析之外，机器学习模型要求输入特征向量，原始特征需要转化为特征向量，才能用于机器学习模型的训练，下面介绍各类特征向量化的方法。

常用特征包括数值特征、类别特征、文本特征、统计特征等。

1）数值特征：数值类型的特征，如年龄、温度等，一般可以直接作为特征向量的维度使用，它可以取无穷多的值。

2）类别特征：具有相同特性的特征，如一幅图片的颜色（黑色、棕色、蓝色等）就属于类别特征，类别特征有可穷举的值。类别特征不能直接使用，一般对类别特征进行编号，将其转化为数值特征。

3）文本特征：从文本内容中提取出来的特征，如电影评论，文本特征也不能直接使用，需要进行分词、编码等处理，接下来会具体介绍文本特征的处理方法。

4）统计特征：从原始数据中使用统计方法得到的高级特征，常用的统计特征包括平均值、中位数、求和、最大值、最小值等。统计特征比原始特征包含更多的信息，通常使用统计特征可以得到更好的模型训练效果，统计特征和数值特征一样可以直接作为特征向量的维度使用。

5）其他特征：还有一些特征不属于上述特征的范畴，如音频、视频特征，地理位置特征等。这些特征需要使用特殊的处理方法，如图像需要转化为 SIFT 特征，音频需要转化为 MFCC 特征等。

实践中，类别特征的可取值比数值特征要少得多，在进行统计分析时更容易处理，所以我们有时需要通过分段，把数值特征转化为类别特征以便于分析建模，例如我们可以把连续的身高特征分成 150cm 以下、150cm ～ 180cm、180cm 以上三个类别。

2. 文本特征处理

文本特征是一类常见的特征，相比类别特征和数值特征，它的处理要复杂得多，一般对文本特征的处理，需要经过分词、去停用词、词稀疏编码等步骤，MLlib 为这些处理步骤提供了相应的方法。

（1）分词

MLlib 提供 Tokenization 方法对文本进行分词，RegexTokenizer 基于正则表达式匹配提供了更高级的分词。默认用多个空格（\s+）作为分隔符，可以通过参数 pattern 指定分隔符，分词的样例代码如下：

```
import org.apache.spark.ml.feature.{RegexTokenizer, Tokenizer}
val sentenceDataFrame = spark.createDataFrame(Seq(
  (0, "Hi I heard about Spark"),
  (1, "I wish Java could use case classes"),
  (2, "Logistic,regression,models,are,neat")
)).toDF("label", "sentence")

val tokenizer = new Tokenizer().setInputCol("sentence").setOutputCol("words")
val regexTokenizer = new RegexTokenizer()
  .setInputCol("sentence")
  .setOutputCol("words")
  .setPattern("\\W") // alternatively .setPattern("\\w+")
```

```
      .setGaps(false)

val tokenized = tokenizer.transform(sentenceDataFrame)
tokenized.select("words", "label").take(3).foreach(println)

val regexTokenized = regexTokenizer.transform(sentenceDataFrame)
regexTokenized.select("words", "label").take(3).foreach(println)
```

（2）去停用词

停用词是那些需要从输入数据中排除掉的词，这些词出现频繁，却并没有携带太多有意义的信息。MLlib 提供 StopWordsRemover 方法实现这一功能。停用词表通过 stopWords 参数来指定。可以通过调用 loadDefaultStopWords(language:string) 调用默认的停用词表，默认词表提供 Jenglish、french、germon、danish 等几种语言的停用词，但对于中文停用词需要自己提供。代码示例如下：

```
import org.apache.spark.ml.feature.StopWordsRemover

val remover = new StopWordsRemover()
  .setInputCol("raw")
  .setOutputCol("filtered")

val dataSet = spark.createDataFrame(Seq(
  (0, Seq("I", "saw", "the", "red", "baloon")),
  (1, Seq("Mary", "had", "a", "little", "lamb"))
)).toDF("id", "raw")

remover.transform(dataSet).show()
```

（3）词稀疏编码

分词和去停用词之后把一篇文章变成了一个词的集合，现在需要把这个集合用数值来表示，我们使用 MLlib 提供的 StringIndexer 方法来实现这一需求。StringIndexer 给每个词按照出现频率安排一个编号索引，索引的范围是 [0,vocab_size)，vocab_size 为词表的大小，示例代码如下：

```
import org.apache.spark.ml.feature.StringIndexer

val df = spark.createDataFrame(
  Seq((0, "a"), (1, "b"), (2, "c"), (3, "a"), (4, "a"), (5, "c"))
).toDF("id", "category")

val indexer = new StringIndexer()
  .setInputCol("category")
  .setOutputCol("categoryIndex")

val indexed = indexer.fit(df).transform(df)
indexed.show()
```

此外，MLlib 还为文本处理提供了 Ngram、TF/IDF、word2vec 等高级方法，可以在实践中查看相关资料。

3. 特征预处理

在前面的章节中我们介绍了对各类特征进行处理的方法，在使用生成的特征进行训练之前，对特征进行预处理有助于优化模型训练效果，提升模型训练速度。MLlib 提供了丰富的特征预处理方法，下面介绍 3 种最常用的特征预处理方法。

（1）特征归一化

特征归一化是用来统一特征范围的方法，它对特征进行标准化，将特征值的大小映射到一个固定的范围内，从而避免特征量级差距过大影响模型训练的情形，此外特征归一化还能加速训练的收敛。

MLlib 提供 3 种归一化方法：StandardScaler、MinMaxScaler 和 MaxAbsScaler。Standard-Scaler 对所有数据减去均值除以标准差，处理后的数据均值变为 0，标准差变为 1；MinMax-Scaler 将每个特征调整到一个特定的范围（通常是 [0,1]），在转化过程中可能把 0 转化为非 0 的值，因此可能会破坏数据的稀疏性；MaxAbsScaler 转换将每个特征调整到 [−1,1] 的范围，它通过每个特征内的最大绝对值来划分，不会破坏数据的稀疏性。

其中，StandardScaler 是使用最广泛的归一化方法，使用 StandardScaler 方法进行特征归一化的示例代码如下。

```
import org.apache.spark.SparkContext._
import org.apache.spark.mllib.feature.StandardScaler
import org.apache.spark.mllib.linalg.Vectors
import org.apache.spark.mllib.util.MLUtils
// Spark 程序 data 文件夹下的测试数据
val data = MLUtils.loadLibSVMFile(sc, "data/MLlib/sample_libsvm_data.txt")
val scaler1 = new StandardScaler().fit(data.map(x => x.features))
val scaler2 = new StandardScaler(withMean = true, withStd = true).fit(data.map(x
=> x.features))
// scaler3 是与 scaler2 相同的模型，并且会产生相同的转换
val scaler3 = new StandardScalerModel(scaler2.std, scaler2.mean)
// data1 是单位方差
val data1 = data.map(x => (x.label, scaler1.transform(x.features)))
// 如果不将这些特征转换成密度向量，那么零均值转换就会增加。稀疏向量例外
// data2 将是单位方差和零均值
val data2 = data.map(x => (x.label, scaler2.transform(Vectors.dense(x.features.
toArray))))
```

（2）正则化

正则化是指计算某个特征向量的 p- 范数（$p=0$，范数是指向量中非零元素的个数；$p=1$，范数为绝对值之和；$p=2$，范数是指通常意义上的模；$p=$ 无穷，范数是取向量的最大值），然后对每个元素除以 p- 范数，以将特征值正则化。正则化后不仅可以加快梯度下降求最优解的速度，还能提高模型精度。

MLlib 提供 Normalizer 方法实现特征正则化，示例代码如下：

```
import org.apache.spark.SparkContext._
import org.apache.spark.MLlib.feature.Normalizer
import org.apache.spark.MLlib.linalg.Vectors
import org.apache.spark.MLlib.util.MLUtils
// Spark 程序 data 文件夹下的测试数据
val data = MLUtils.loadLibSVMFile(sc, "data/MLlib/sample_libsvm_data.txt")
// 默认情况下，p=2，计算 2 阶范数
val normalizer1 = new Normalizer()
// p 正无穷范数
val normalizer2 = new Normalizer(p = Double.PositiveInfinity)
// data1 中的每个样本将使用 L2 范数进行标准化
val data1 = data.map(x => (x.label, normalizer1.transform(x.features)))
// data2 中的每个样本将使用无穷范数进行标准化
val data2 = data.map(x => (x.label, normalizer2.transform(x.features)))
```

（3）二值化

二值化是一个将数值特征转换为二值特征的处理过程，根据一个阈值将数值特征分为两类，值大于阈值的特征二值化为 1，否则二值化为 0。二值化能够大大减少特征的复杂度，提高训练效率，但在二值化的过程中损失了一些信息，这可能会影响训练的效果，二值化的代码示例如下：

```
import org.apache.spark.ml.feature.Binarizer

val data = Array((0, 0.1), (1, 0.8), (2, 0.2))
val dataFrame = spark.createDataFrame(data).toDF("label", "feature")

val binarizer: Binarizer = new Binarizer()
  .setInputCol("feature")
  .setOutputCol("binarized_feature")
  .setThreshold(0.5)

val binarizedDataFrame = binarizer.transform(dataFrame)
val binarizedFeatures = binarizedDataFrame.select("binarized_feature")
binarizedFeatures.collect().foreach(println)
```

若训练数据的指标维数太高，则容易造成模型过拟合，且相互独立的特征维数越高，在测试集上达到相同的效果表现所需要的训练样本的数目就越大。此外，指标数量过多，训练、测试以及存储的压力也都会增大，可运用主成分分析等手段，以 Spark 为工具对数据集进行计算降维。

2.2.5　模型训练与评估

模型构建是数据分析工作的核心阶段，主要包括如下几点。

（1）准备数据集

使用机器学习构建模型的时候，需要将数据集切分为训练数据（Train Data）和测试数

据（Test Data）。训练数据用于构建模型，但是有时候在模型构建过程中需要验证模型，辅助模型构建，此时会将训练数据分出一部分作为验证数据（Validation Data）。测试数据用于检测模型，评估模型的准确率。

Spark 提供了将数据集切分为训练集和测试集的函数，默认数据集的 70% 作为训练数据，30% 作为测试数据。

（2）选择适当的建模技术

构建模型是数据分析的关键，选择合适的建模技术直接影响数据分析的结果，这里提供一些建模技术的选择经验和思考，希望能够引起共鸣。

❑ 汇总统计。

解决问题：输入法的月留存率是多少？我们的用户人均装有多少个有效 App ？

建模方法：加和、计数、均值、标准差、中位数、众数、四分位数、最大值、最小值等。

❑ 对比分析。

解决问题：某公司年利润 2.2 亿，同比增长 8%。内容的某两种推送方式的效果有显著差异吗？

建模方法：卡方检验、方差分析等。

❑ 趋势分析。

解决问题：合肥 2017 年 10 月新房均价涨到 11000/ 平方米，现在要不要购买呢？今年的业绩不错，预测一下明年的 KPI。

建模方法：回归等。

❑ 分布分析。

解决问题："小飞读报"的用户年龄结构是怎样的？这款巧克力代可可脂、糖分、添加剂占比情况如何？

建模方法：统计分布等。

❑ 因子分析。

解决问题：最近用户留存率下降比较厉害，找出影响用户留存的因子，并加以解决。

建模方法：多元线性回归模型等。

❑ 聚类分析

解决问题：使用 GPS 数据看一下城市用户的生活模式，研究一下这款游戏 App 的主要用户群体，形成有针对性的营销方案。

建模方法：分层聚类分析、LDA 主题模型等。

（3）建立模型

选择适当的建模技术，使用 Spark 技术针对训练数据进行训练，迭代训练，观察效果，并生成训练模型。

（4）模型评估

模型评估主要是将测试结果转化为混淆矩阵，表 2-1 展示了测试结果的 4 种情况。使用准确率、召回率等进行评估。

说明：

❏ TP（True Positive，真正）：被模型预测为正的正样本。

❏ FP（False Positive，假正）：被模型预测为正的负样本。

❏ FN（False Negative，假负）：被模型预测为负的正样本。

❏ TN（True Negative，真负）：被模型预测为负的负样本。

表 2-1 数据测试结果的 4 种情况

	Positive（正）	Negative（负）
True（真）	TP	TN
False（假）	FP	FN

模型评估的测试结果如图 2-3 所示，实心点代表正类、空心点代表负类，用椭圆标识被选中的元素。

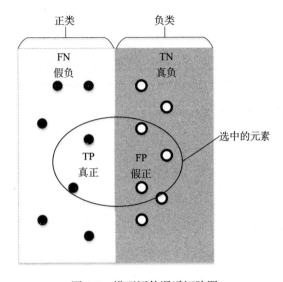

图 2-3 模型评估混淆矩阵图

准确率就是找得对，也叫作查准率，是针对预测结果而言的，它表示预测为正的样本中有多少是真正的正样本。

$$准确率（Precision）P：P=TP/(TP+FP)$$

召回率就是找得全，也叫作查全率，是针对原来的样本而言的，它表示样本中的正例有多少被预测正确了。

$$召回率（Recall Rate）R：R=TP/(TP+FN)$$

其他模型评估的相关方法，在具体章节中详细叙述。

2.2.6 输出结论

对于数据分析结论，首先需要设计一个好的分析框架，若它结构清晰、主次分明，则可以让读者正确理解报告内容。其次需要图文并茂，选择合适的图表类型和呈现，能够让读者一目了然，数据更加生动活泼，进而提高视觉冲击力，有助于阅读者更形象、直观地看清楚问题和结论，从而产生思考。

好的数据分析报告不局限于对数据进行简单的概括性总结，需要根据客观数据事实推论出明确的结论，并给出行动建议。衡量数据分析的结论包括及格、良好、优秀三个阶段。下面以某公司某产品处于市场领先地位而需要针对次位的竞争对手近期的发展进行数据分析为例来说明，如表 2-2 所示。

表 2-2　某公司竞争对手近期的发展情况分析

阶段	标准	示例描述
及格	讲清楚事实、言之有物	竞争对手的发展势头很猛，描述市场份额变化情况
良好	对事实进行分析、醍醐灌顶	虽然竞争对手近期发展势头很猛，但实际上其突出的优势在于 X，劣势在于 Y，未来可能会采取什么行动，同时市场上的其他竞争对手也不容忽视
优秀	提出了改进建议并采取行动、切实有效	针对竞争对手可能动作，采取如下改进：加强优势 A、B、C，与 X 达成进一步战略合作关系，并收购 Y 等

2.3　数据分析的基本方法

数据分析是以目标为导向的，通过目标实现选择数据分析的方法，常用的分析方法是统计分析，数据挖掘则需要使用机器学习构建模型。接下来介绍一些简单的数据分析方法。

2.3.1　汇总统计

统计是指用单个数或者数的小集合捕获很大值集的特征，通过少量数值来了解大量数据中的主要信息，常见统计指标包括以下几项。

- ❑ 分布度量：概率分布表、频率表、直方图；
- ❑ 频率度量：众数；
- ❑ 位置度量：均值、中位数；
- ❑ 散度度量：极差、方差、标准差；
- ❑ 多元比较：相关系数；
- ❑ 模型评估：准确率、召回率。

汇总统计对一个弹性分布式数据集（RDD）进行概括统计，它通过调用 Statistics 的 colStats 方法实现。colStats 方法可以返回 RDD 的最大值、最小值、均值、方差等，代码实现如下：

```
import org.apache.spark.MLlib.linalg.Vector
import org.apache.spark.MLlib.stat.{MultivariateStatisticalSummary, Statistics}
// 向量 [Vector] 数据集
```

```
val data: RDD[Vector] = ...
// 汇总统计信息
val summary: statisticalSummary = Statistics.colStats(data)
// 平均值和方差
println(summary.mean)
println(summary.variance)
```

2.3.2　相关性分析

相关性分析是指通过分析寻找不同商品或不同行为之间的关系，发现用户的习惯，计算两个数据集的相关性是统计中的常见操作。

MLlib 提供了计算多个数据集两两相关的方法。目前支持的相关性方法有皮尔逊（Pearson）相关和斯皮尔曼（Spearman）相关。一般对于符合正态分布的数据使用皮尔逊相关系数，对于不符合正态分布的数据使用斯皮尔曼相关系数。

皮尔逊相关系数是用来反映两个变量相似程度的统计量，它常用于计算两个向量的相似度，皮尔逊相关系数计算公式如下：

$$\rho_{X,Y} = \frac{\sum (X - \overline{X})(Y - \overline{Y})}{\sqrt{\sum_{i=1}^{n}(X_i - \overline{X})^2}\sqrt{\sum_{i=1}^{n}(Y_i - \overline{Y})^2}}$$

其中，X、Y 表示两组变量，$\overline{X}$、$\overline{Y}$ 表示两个变量的平均值，皮尔逊相关系数可以理解为对两个向量进行归一化以后，计算其余弦距离（即使用余弦函数 cos 计算相似度，也用向量空间中两个向量的夹角的余弦值来衡量两个文本间的相似度），皮尔逊相关系数大于 0 表示两个变量正相关，小于 0 表示两个变量负相关，皮尔逊相关系数为 0 时，表示两个变量没有相关性。

调用 MLlib 计算两个 RDD 皮尔逊相关性的代码如下，输入的数据可以是 RDD[Double]，也可以是 RDD[Vector]，输出是一个 Double 值或者相关性矩阵。

```
import org.apache.spark.SparkContext
import org.apache.spark.MLlib.linalg._
import org.apache.spark.MLlib.stat.Statistics
// 创建应用入口
val sc: SparkContext = ...
// X 变量
val seriesX: RDD[Double] = ...
// Y 变量，分区和基数同 seriesX
val seriesY: RDD[Double] = ...
// 使用皮尔逊方法计算相关性，斯皮尔曼的方法输入 "spearman"
val correlation: Double = Statistics.corr(seriesX, seriesY, "pearson")
// 向量数据集
val data: RDD[Vector] = ...
val correlMatrix: Matrix = Statistics.corr(data, "pearson")
```

皮尔逊相关系数在机器学习的效果评估中经常使用，如使用皮尔逊相关系数衡量推荐系统推荐结果的效果。

2.3.3 分层抽样

分层抽样先将数据分为若干层，然后再从每一层内随机抽样组成一个样本。MLlib 提供了对数据的抽样操作，分层抽样常用的函数是 sampleByKey 和 sampleByKeyExact，这两个函数是在 key-value 对的 RDD 上操作，用 key 来进行分层。

其中，sampleByKey 方法通过掷硬币的方式进行抽样，它需要指定所需数据大小；sampleByKeyExact 抽取 $f_{key} \cdot n_{key}$ 个样本，f_{key} 表示期望获取键为 key 的样本比例，n_{key} 表示键为 key 的键值对的数量。sampleByKeyExact 能够获取更准确的抽样结果，可以选择重复抽样和不重复抽样，当 withReplacement 为 true 时是重复抽样，为 false 时是不重复抽样。重复抽样使用泊松抽样器，不重复抽样使用伯努利抽样器。

分层抽样的代码如下：

```scala
import org.apache.spark.SparkContext
import org.apache.spark.SparkContext._
import org.apache.spark.rdd.PairRDDFunctions
val sc: SparkContext = ...
// RDD[(K, V)] 形式的键值对
val data = ...
// 指定每个键所需的份数
val fractions: Map[K, Double] = ...
// 从每个层次获取确切的样本
val approxSample = data.sampleByKey(withReplacement = false, fractions)
val exactSample = data.sampleByKeyExact(withReplacement = false, fractions)
```

通过用户特征、用户行为对用户进行分类分层，形成精细化运营、精准化业务推荐，进一步提升运营效率和转化率。

2.3.4 假设检验

假设检验是统计中常用的工具，它用于判断一个结果是否在统计上是显著的、这个结果是否有机会发生。通过数据分析发现异常情况，找到解决异常问题的方法。

MLlib 目前支持皮尔森卡方检验，对应的函数是 Statistics 类的 chiSqTest。chiSqTest 支持多种输入数据类型，对不同的输入数据类型进行不同的处理，对于向量（Vector）进行拟合优度检验，对于矩阵（Matrix）进行独立性检验，对于 RDD 进行特征选择。使用 chiSqTest 方法进行假设检验的代码如下：

```scala
import org.apache.spark.SparkContext
import org.apache.spark.MLlib.linalg._
import org.apache.spark.MLlib.regression.LabeledPoint
import org.apache.spark.MLlib.stat.Statistics._
```

```
val sc: SparkContext = ...
// 定义一个由事件频率组成的向量
val vec: Vector = ...
// 做皮尔森拟合优度检验
val goodnessOfFitTestResult = Statistics.chiSqTest(vec)
println(goodnessOfFitTestResult)
// 定义一个检验矩阵
val mat: Matrix = ...
// 做皮尔森独立性检测
val independenceTestResult = Statistics.chiSqTest(mat)
// 检验总结：包括假定值（p-value）、自由度（degrees of freedom）
println(independenceTestResult)
// pairs(feature, label).
val obs: RDD[LabeledPoint] = ...
// 独立性检测用于特征选择
val featureTestResults: Array[ChiSqTestResult] = Statistics.chiSqTest(obs)
var i = 1
featureTestResults.foreach { result =>
    println(s"Column $i:\n$result")
    i += 1
}
```

2.4　简单的数据分析实践

本节为了更清楚地说明简单的数据分析实现，搭建 Spark 开发环境，并使用 gowalla 数据集进行简单的数据分析，该数据集较小，可在 Spark 本地模式下，快速运行实践。

实践步骤如下。

1）环境准备：准备开发环境并加载项目代码；

2）数据准备：数据预处理及 one-hot 编码；

3）数据分析：使用均值、方差、皮尔逊相关性计算等进行数据分析。

简单数据分析实践的详细代码参考 ch02\GowallaDatasetExploration.scala，本地测试参数和值如表 2-3 所示。

表 2-3　本地测试参数和值

本地测试参数	参数值
input	2rd_data/ch02/Gowalla_totalCheckins.txt
output	output/ch02
mode	local[2]

2.4.1　环境准备

Spark 程序常用 IntelliJ IDEA 工具进行开发，下载地址为 www.jetbrains.com/idea/，一般选择 Community 版，当前版本是 ideaIC-2017.3.4，支持 Windows、Mac OS X、Linux，可以根据自己的情况选择适合的操作系统进行安装。

（1）安装 scala-intellij 插件

启动 IDEA 程序，进入" Configure "界面，选择" Plugins "，点击安装界面左下角的

"Install JetBrains plugin"选项，进入 JetBrains 插件选择页面，输入" Scala"来查找 Scala 插件，点击" Install plugin"按钮进行安装（如果网络不稳定，可以根据页面提示的地址下载，然后选择"Install plugin from disk"本地加载插件），插件安装完毕，重启 IDEA。

（2）创建项目开发环境

启动 IDEA 程序，选择" Create New Project"，进入创建程序界面，选择 Scala 对应的 sbt 选项，设置 Scala 工程名称和本地目录（以 book2-master 为例），选择 SDK、SBT、Scala 版本（作者的开发环境是 Jdk->1.8.0_162、sbt->1.1.2、scala->2.11.12），点击" Finish"按钮完成工程的创建。

导入 Spark 开发包具体步骤为：File->Project Structure->Libraries->+New Project Library (Java)，选择 spark jars（如：spark-2.3.0-bin-hadoop2.6/jars）和本地 libs（如：\book2-master\libs，包括 nak_2.11-1.3、scala-logging-api_2.11-2.1.2、scala-logging-slf4j_2.11-2.1.2）。

（3）拷贝项目代码

拷贝源代码中的 2rd_data、libs、output、src 覆盖本地开发项目目录，即可完成开发环境搭建。

除此之外，也可以通过 Maven 方式导入项目。

2.4.2 准备数据

我们提供的数据格式如下：

用户 [user] 签到时间 [check-in time] 纬度 [latitude] 经度 [longitude] 位置标识 [location id]

数据样例如下：

```
0    2010-10-19T23:55:27Z    30.2359091167    -97.7951395833    22847
0    2010-10-18T22:17:43Z    30.2691029532    -97.7493953705    420315
0    2010-10-17T23:42:03Z    30.2557309927    -97.7633857727    316637
0    2010-10-17T19:26:05Z    30.2634181234    -97.7575966669    16516
0    2010-10-16T18:50:42Z    30.2742918584    -97.7405226231    5535878
0    2010-10-12T23:58:03Z    30.261599404     -97.7585805953    15372
0    2010-10-12T22:02:11Z    30.2679095833    -97.7493124167    21714
0    2010-10-12T19:44:40Z    30.2691029532    -97.7493953705    420315
0    2010-10-12T15:57:20Z    30.2811204101    -97.7452111244    153505
0    2010-10-12T15:19:03Z    30.2691029532    -97.7493953705    420315
0    2010-10-12T00:21:28Z    40.6438845363    -73.7828063965    23261
```

准备数据的步骤如下。

（1）数据清洗

在数据清洗阶段过滤掉不符合规范的数据，并将数据进行格式转换，保证数据的完整性、唯一性、合法性、一致性，并按照 CheckIn 类填充数据，具体实现方法如下：

```
// 定义数据类 CheckIn
case class CheckIn(user: String, time: String, latitude: Double, longitude:
```

```
Double, location: String)
    // 实例化应用程序入口
    val conf = new SparkConf().setAppName(this.getClass.getSimpleName).
            setMaster(mode)
    val sc = new SparkContext(conf)
     val gowalla = sc.textFile(input).map(_.split("\t")).mapPartitions{
    case iter =>
    val format = DateTimeFormat.forPattern("yyyy-MM-dd\'T\'HH:mm:ss\'Z\'")
    iter.map {
    // 填充数据类
    case terms => CheckIn(terms(0), terms(1).substring(0, 10), terms(2).toDouble,
terms(3).toDouble,terms(4))
    }
    }
```

（2）数据转换

在数据转换阶段，将数据转换成向量的形式，供后面数据分析使用。

```
// 字段: user, checkins, checkin days, locations
val data = gowalla.map{
  case check: CheckIn => (check.user, (1L, Set(check.time), Set(check.location)))
      }.reduceByKey {
// 并集
  case (left, right) =>(left._1 + right._1,left._2.union(right._2),left._3.
      union(right._3))
}.map {
  case (user, (checkins, days:Set[String], locations:Set[String])) =>
      Vectors.dense(checkins.toDouble,days.size.toDouble,
      locations.size.toDouble)
}
```

2.4.3 数据分析

通过简单的数据分析流程，实现对均值、方差、非零元素的目录的统计，以及皮尔逊相关性计算，来实现对数据分析的流程和方法的理解。

简单的数据分析代码示例如下：

```
// 统计分析
val summary: MultivariateStatisticalSummary = Statistics.colStats(data)
// 均值、方差、非零元素的目录
println("Mean"+summary.mean)
println("Variance"+summary.variance)
println("NumNonzeros"+summary.numNonzeros)
// 皮尔逊
val correlMatrix: Matrix = Statistics.corr(data, "pearson")
println("correlMatrix"+correlMatrix.toString)
```

简单的数据分析示例运行结果如下：

```
均值: [60.16221566503564,25.30645613117692,37.17676390393301]
```

```
方差:[18547.42981193066,1198.630729157736,7350.7365871949905]
非零元素:[107092.0,107092.0,107092.0]
皮尔逊相关性矩阵:
1.0 0.7329442022276709 0.9324997691135504
0.7329442022276709 1.0 0.5920355112372706
0.9324997691135504 0.5920355112372706 1.0
```

2.5 本章小结

本章从数据分析概念出发,总结了常用的数据分析流程,并对数据分析流程相关步骤进行了说明。本章中的流程只是作者的经验总结,可能和其他资料中的流程有所区别,一切以做好数据分析为核心,请在做好数据分析的情况下自主总结流程。

同时,本章对数据分析基本方法进行了说明,以统计分析为主,兼顾机器学习,不仅对结果进行解释,让人更加直观、清晰地认识世界,同时对模型进行评估,着眼于预测未来,并提出决策性建议。

对于一些可以从 Spark 官网上获取的算法示例代码,我们没有进行展示,需要的读者可以从 https://github.com/datadance 上下载。

本章使用的数据集是:从 stanford 爬取下来的 gowalla 数据。数据下载地址为 https://snap.stanford.edu/data/loc-gowalla.html。

在下一章中,我们将重点研究使用 MLlib 构建分类模型。

第二篇 *Part 2*

算　法　篇

构建分类模型

巧者劳而知者忧，无能者无所求。

——《庄子·列御寇》

灵巧的人多劳累而聪慧的人多忧患，没有能耐的人也就没有什么追求。

庄子把人分为灵巧的人、聪慧的人、没有能耐的人，体现了简单的分类思想。分类是依据历史数据形成刻画事物特征的类识别，进而预测未来数据的归类情况。比如庄子根据前人经验，得出灵巧的人、智慧的人、没有能耐的人的特征，然后根据这些特征对人群进行识别，确定人群分类情况。

本章重点讲解分类模型的常用算法，包括逻辑回归、朴素贝叶斯、SVM 模型、决策树模型、K- 近邻等，以及如何对分类模型进行效果评估，并使用分类模型进行 App 数据的分类实现。

3.1 分类模型概述

分类通常是指将事物分成不同的类别，在分类模型中，我们期望根据一组特征来判断事物类别，这些特征代表了物体、事件或上下文相关的属性。

根据类别标签的个数，可以将分类问题划分成二分类问题和多分类问题。例如在论坛中，给定用户和帖子信息，可以判断用户是否会对帖子点赞，点赞的情况对应于类别 1（其他情况对应于类别 0）。如果仅判断用户是否会对帖子点赞，该问题为二分类问题；如果需要具体判断用户对帖子点赞、点踩、有无互动操作，那么该问题属于多分类问题。

二分类是最简单的分类形式，如图 3-1 所示，其中样本的特征有两个维度，分别用横

坐标 X 和纵坐标 Y 表示每一维度的值。通过训练分类模型，使用 "x" 代表正类，使用 "●" 代表负类，从而可以将二维空间的样本点正确分开。

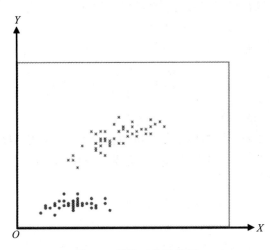

图 3-1　简单二分类示例

多分类相对二分类而言，分类不止两类。如图 3-2 所示是一个三分类的例子，符号 "x" "●" "■" 分别代表不同分类。

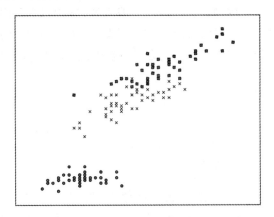

图 3-2　三分类示例

分类是监督学习的一种形式，可以使用有标签的训练样本训练模型，通过输出结果监督被训练的模型。分类输出离散值，这是和回归问题的区别所在，生活中很多问题都可以转化为分类问题进行求解，如检测信用卡欺诈，对文字、图片、声音、视频等进行分类，对新闻、网页的内容标记类别，互联网业务中判断用户是否为活跃用户等。

在 MLlib 实现中，支持二分类的模型有 SVM 模型、逻辑回归、决策树、随机森林、梯度提升树和朴素贝叶斯，而支持多分类的模型有逻辑回归、决策树、随机森林和朴素贝叶斯等。

3.2 分类模型算法

机器学习中很多问题都可以定义为一个凸优化问题，凸优化问题是指在最小化要求下，目标函数是凸函数，变量所属集合是凸集合的优化问题。也就是说，找到关于 w 的凸函数 f 的最小值，目标函数定义如下：

$$f(w) = \lambda R(w) + \frac{1}{n} \sum_{i=1}^{n} L(w; x_i, y_i)$$

其中，$1 \leqslant i \leqslant n$，$x_i \in R^d$ 是训练样本，而 $y_i \in Z$ 则是对应标签。

目标函数 f 包含两部分：控制模型复杂度的正则项，代表模型在训练数据上的误差的损失函数。正则项系数 λ 用来权衡两者关系，如果模型中 $L(w, x, y)$ 可以表示成 $w^T x$ 和 y 的函数，则该模型为线性模型。

在 MLlib 中，支持的损失函数包括下面三种：

❏ 折页损失（hinge loss）：$\max\{0, 1 - yw^T x\}$，$y \in \{-1, +1\}$，

❏ 逻辑损失（logistic loss）：$\log(1 + \exp(-yw^T x))$，$y \in \{-1, +1\}$

❏ 平方损失（squared loss）：$\frac{1}{2}(w^T x - y)^2$，$y \in R$

其中，折页损失对应 SVM 模型，而逻辑损失对应逻辑回归。

在 MLlib 中，支持的正则项包括三种。一般来说，添加 L2 正则项的优化问题（平滑）比添加 L1 正则项的问题容易求解，而添加 L1 正则项可以产生稀疏解，而且模型的可解释性更强，Elastic Net 是 L1 和 L2 正则的结合。一般来说，模型都要添加正则项，特别是数据量少的情形。

❏ L1：$\|w\|_1$

❏ L2：$\frac{1}{2}\|w\|_2^2$

❏ Elasitic Net：$\alpha\|w\|_1 + (1-\alpha)\frac{1}{2}\|w\|_2^2$

MLlib 使用随机梯度下降（SGD）和改进的拟牛顿法（L-BFGS）两种优化方法，大多数算法的 API 支持 SGD，只有少部分算法支持 L-BFGS。如果 API 支持 L-BFGS，则推荐使用 L-BFGS，L-BFGS 相对于 SGD 收敛速度更快。

3.2.1 逻辑回归

逻辑回归（Logistic Regression，LR）是一种常用的分类算法，凭借着简单和高效的优势在实际应用中广泛使用。逻辑回归模型的预测结果的值域为 [0,1]，所以可以看作概率模型；对于二分类来说，逻辑回归的输出等价于模型预测某个样本点属于正类的概率。

一个事件的概率是指该事件发生的概率与不发生的概率的比值，如果该事件发生的概

率为 p，则该事件的对数概率函数为：

$$\mathrm{logit}(p)=\log\frac{p}{1-p}$$

针对二类分类，逻辑回归中输出 $Y=1$ 的对数概率就是输入 X 的线性函数，这也是逻辑回归的本质所在，可以表示为如下公式：

$$\log\frac{p(Y=1\,|\,x)}{1-p(Y=1\,|\,x)}=w\cdot x$$

将上式进行转换可以得到下式：

$$p(Y=1\,|\,x)=\frac{\exp(w\cdot x)}{1+\exp(w\cdot x)}$$

上式中的条件概率分布 $P(Y=1|x)$ 也就是模型的最终输出，其范围为 [0,1]。如果 x 的线性函数 $w\cdot x$ 越大，则条件概率值越接近于 1。相反，如果 x 的线性函数 $w\cdot x$ 越小，则条件概率越接近于 0。一般可以设定某一阈值 β（$0<\beta<1$），如果 $P(Y=1|x)>\beta$，则认为输入 x 的标签是 1，否则标签为 0。

给定训练集合，$T=\{(x_1,\ y_1),\cdots(x_2,\ y_2),\cdots,(x_n,\ y_n)\}$，其中，$x_i\in R^n$，$y_i\in\{0,1\}$，可以使用极大似然法估计模型的参数 w。假设 $P(Y=1|x)=\pi(x)$，$P(Y=0|x)=1-\pi(x)$。类标签 y_i 取值 0 或者 1，此时似然函数为：

$$\prod_{i=1}^{N}[\pi(x_i)]^{y_i}[1-\pi(x_i)]^{1-y_i}$$

经转换，可以得到对数似然函数：

$$L(w)=\sum_{i=1}^{N}[y_i(w\cdot x_i)-\log(1+\exp(w\cdot x_i))]$$

针对对数似然函数的最优化问题，常用梯度下降法（Gradient Descent,GD）或者拟牛顿法（Broyden Fletcher Goldfarb Shanno，BFGS）进行求解。

实际中，对于特征规模很大的逻辑回归模型，使用改进的拟牛顿法 L-BFGS 加快求解速度。在 MLlib 库中，逻辑回归支持二分类和多分类，多分类是通过 K*(K-1)/2 个二分类模型实现的。MLlib 支持两种优化算法求解逻辑回归问题，小批量梯度下降（Mini-batch Gradient Descent）和改进的拟牛顿法（L-BFGS），分别对应 LogisticRegressionWithSGD 和 LogisticRegressionWithLBFGS，实际工作中，对于特征规模很大的逻辑回归模型，使用改进的拟牛顿法 L-BFGS 加快求解速度。

逻辑回归模型的优点在于原理简单、训练速度快、可解释性强、能够支撑大数据，即使在上亿的特征规模下，依然有较好的训练效果和很快的训练速度。缺点在于无法学习到特征之间的组合，在实际使用中，需要进行大量的人工特征工程，对特征进行交叉组合。

3.2.2 朴素贝叶斯模型

朴素贝叶斯模型（Naive Bayes）是基于贝叶斯定理的分类方法，它有严格而完备的数学推导，容易实现，且训练和预测的过程均很高效。朴素贝叶斯基于特征条件独立性假设（条件独立假设是指每个特征对分类结果独立产生影响，该假设可以简化条件概率分布的计算），基于这个假设，属于某个类别的概率表示为若干个概率乘积的函数，其中这些概率包括某个特征在给定某个类别的条件下出现的概率（条件概率），以及该类别的概率（先验概率），这样使得模型训练非常直接且易于处理。类别的先验概率和特征的条件概率可以通过数据的频率估计得到。分类过程就是在给定特征和类别概率的情况下，选择最可能的类别。

另外，还有一个关于特征分布的假设，即参数的估计来自数据，MLlib 实现了多项朴素贝叶斯，其中假设特征分布是多项分布，用以表示特征的非负频率统计。

在朴素贝叶斯算法中，学习过程即为通过训练数据集估计先验概率 $P(Y=c_k)$ 和条件概率 $P(X^j = x^j | Y=c_k)$。一般使用极大似然估计法去估计这些概率分布。

针对先验概率，其估计方法为：

$$P(Y = c_k) = \frac{\sum_{i=1}^{N} I(y_i = c_k)}{N}$$

式中，$I(y_i=c_k)$ 为指示函数，其值取决于 y_i 和 c_k 是否相等，如果两者相等，则 $I(y_i=c_k)$ 为 1，否则为 0。N 为训练集中的样本总数。显然，类别 c_k 的先验概率是类别为 c_k 的样本占训练数据集的比例。

设第 j 个特征 x^j 所有取值构成的集合是 $\{a_{j1}, a_{j2}, \cdots, a_{jSj})\}$，其中 a_{j1} 代表第 j 个特征对应的第 1 个取值，S_j 为第 j 个特征所有取值的个数。针对条件概率，其估计方法为：

$$P(X^j = a_{j1} | Y = c_k) = \frac{\sum_{i=1}^{N} I(x_i^j = a_{j1}, y_i = c_k)}{\sum_{i=1}^{N} I(y_i = c_k)}$$

式中，x_i^j 指第 i 个样本的第 j 个特征。

预测过程中，对于测试集中的样本，根据已学习到的模型求出后验概率 $P(Y= c_i | X=x)$ 即可，如下式所示：

$$P(Y = c_k | X = x) = \frac{P(X = x | Y = c_k)P(Y = c_k)}{\sum_K P(X = x | Y = c_k)P(Y = c_k)}$$

根据条件独立假设，上式可以转化为：

$$P(Y = c_k | X = x) = \frac{P(Y = c_k)\prod_j P(X^j = x^j | Y = c_k)}{\sum_i P(Y = c_k)\prod_j P(X^j = x^j | Y = c_k)}$$

然后选择后验概率最大对应的类别作为样本的类标签。根据后验概率最大的原则，可以得到：

$$f(x) = \max_{c_k} \frac{P(Y = c_k)\Pi_j P(X^j = x^j \mid Y = c_k)}{\Sigma_i P(Y = ck)\Pi_j P(X^j - x^j \mid Y = c_k)}$$

对于不同的 c_k，上式中的分母是相同的，所以上式可以简写为：

$$f(x) = \max_{c_k} P(Y = c_k)\Pi_j P(X^j = x^j \mid Y = c_k)$$

MLlib 支持多项贝叶斯和伯努利贝叶斯，这些模型的一个典型应用就是文档分类。在文档分类中，每个样本就是一篇文档，每个特征就是一个单词。多项贝叶斯中特征的值是单词的频数，而伯努利贝叶斯中特征的值是单词是否出现（0/1）。特征取值必须是非负值。模型类型由参数 modelType 确定，取值为 multinomial 或者 bernoulli，缺省是 multinomial。

在计算过程中如果特征的取值和某个类别没有同时出现过，则在计算条件概率时会出现概率为 0 的情况，此时其他特征的信息将会在连乘中消除。解决这个问题的方法就是使用加法平滑。具体来说，条件概率的平滑方法是：

$$P_\lambda(X_j = a_{j1} \mid Y = c_k) = \frac{\sum_{i=1}^{N} I(x_i^j = a_{j1}, y_i = c_k) + \lambda}{\sum_{i=1}^{N} I(y_i = c_k) + S_j\lambda}$$

式中，$\lambda \geqslant 0$。上式等价于在随机变量各个取值的频数上加上一个整数 λ。同样对先验概率的平滑方法是：

$$P_\lambda(Y = c_k) = \frac{\sum_{i=1}^{N} I(y_i = c_k) + \lambda}{N + K\lambda}$$

在 MLlib 中可以通过参数 λ 来设置加法平滑，该参数默认为 1。

3.2.3　SVM 模型

SVM（Support Vector Machine，支持向量机）模型能有效防止过拟合，在大量的应用场景中表现突出，对于线性可分的训练数据集，一般存在无穷多个可以正确划分不同类别的超平面[⊖]，但是间隔最大的超平面是唯一的。SVM 本质就是在样本空间中找出能区分不同类别而且使得间隔最大的超平面。划分超平面间隔最大，意味着该平面以充分大的确信度对训练数据进行分类，而且对未知样本的泛化能力最强。

在样本空间中，划分超平面可以表示为以下方程：

$$w^{\mathrm{T}}x + b = 0$$

超平面由法向量 w 和截距 b 决定，可用 (w, b) 表示。针对样本空间中的任意点 x，该点到划分超平面 (w, b) 的距离 r 为：

$$r = \frac{|w^{\mathrm{T}}x + b|}{\|w\|}$$

⊖ 在数学中，超平面（Hyperplane）是几维欧氏空间中余维度等于 1 的线性子空间。

针对二分类问题，划分超平面可以将样本空间划分成两部分，一部分是正类，另一部分为负类。假设超平面能将所有训练样本正确分类，那么对于训练样本 (x_i, y_i)，如果 $y_i=1$，则有 $w^T x_i + b > 0$；如果 $y_i=-1$，则有 $w^T x_i + b < 0$。训练样本中离划分超平面最近的样本点称为支持向量。如图3-3所示，对于正类的样本，支持向量在超平面 $H_1: w^T \cdot x + b = 1$ 上。对于负类的样本，支持向量在超平面 $H_2: w^T \cdot x + b = -1$ 上。H_1 和 H_2 两超平面是平行的，中间的间隔等于 $\dfrac{2}{\|w\|}$，如图3-3所示。

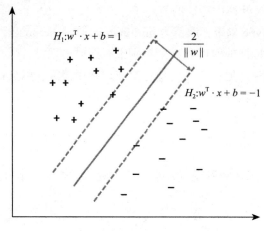

图 3-3　SVM 中支持向量示例

算法想找到具有最大间隔的超平面，也就是说要最大化 $\dfrac{2}{\|w\|}$。由于最大化 $\dfrac{2}{\|w\|}$ 等价于 $\dfrac{1}{2}\|w\|^2$ 最小，所以可以形式化表示为如下的最优化问题：

$$\min_{w,b} \frac{1}{2}\|w\|^2$$

$$\text{s. t. } y_i(w \cdot x_i + b) - 1 \geq 0, \ i = 1, 2, \cdots, N$$

求解该凸二次规划问题，可以得到最优间隔的超平面 (w^*, b^*)。一般来说，法向量⊖指向的一侧对应正类，另一侧则对应负类。模型最终的决策函数为：

$$f(x) = \text{sign}\,(w^* \cdot x + b^*)$$

在线性 SVM 的基础上，非线性 SVM 模型引入了核函数，对特征进行空间变换，将低维空间映射到高维空间，解决线性不可分的问题，常用的核函数有多项式核、RBF 核等。核函数的引入使得模型的计算复杂度变高、训练速度很慢且模型的可解释性变差，因此在大规模样本的训练中，非线性的 SVM 使用得较少。

⊖　在空间解析几何中，法向量是垂直于平面的直线所表示的向量，为该平面的法向量。

MLlib 库仅支持线性 SVM。线性 SVM 有着效率高、擅长高维场景的优点，在文本分类中有不错的表现。求解该问题，损失函数为 hinge loss。默认情况下，线性 SVM 使用 L2 正则，当然也可以使用 L1 正则。

3.2.4 决策树模型

决策树是一种基于树形结构的非线性分类模型，该模型易于解释，可以处理分类特征和数值特征，能拓展到多分类场景，无须对特征做归一化或者标准化，而且可以表达复杂的非线性模式和特征相互关系。正是由于有着诸多优点，使得决策树模型被广泛使用。

决策树通过树形结构对样本进行分类。图 3-4 所示就是一个决策树示例，根据用户情况来预测用户是否能够偿还贷款。可以明显看出决策树是一系列 if-then 规则的集合。对于新用户：无房产，单身，年收入 35k，根据构建的决策树可以预测该用户无法偿还贷款。

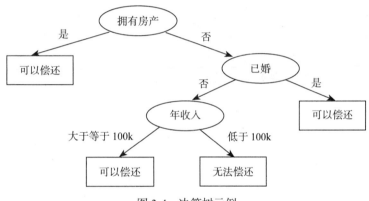

图 3-4　决策树示例

在训练时，在任意节点上需要选择最优的划分特征，接着根据划分特征的取值对训练数据进行切分，然后在得到的每个子数据集上进行递归建树过程，直至数据集中的数据均属于某一类别或者无合适的划分特征为止。停止递归的节点标注为叶子节点。这样就构造出了一棵决策树。在分类时，从根节点开始对样本的某一特征进行测试，根据测试结果将样本分配到子节点中，如此递归地对样本进行测试和分配，直至到达叶子节点。该样本的类别就是该叶子节点对应的类别。

其中特征选择步骤较为关键，该步骤负责选择对于训练数据具有最好区分类别能力的特征。Spark 中针对分类模型提供的特征选择标准包括信息增益和基尼指数。针对回归模型提供的特征选择标准为方差，这里不做讨论。

信息增益表示给定特征 f 的情况下训练集类别 Y 的不确定性降低的量，其中类别的不确定性通常用信息熵进行刻画。特征 f 对训练数据集 T 的信息增益 $\mathrm{IG}(T, f)$ 即为训练集 T 的经验熵 $H(T)$ 与给定特征 f 的条件下 T 的经验条件熵 $H(T|f)$ 的差，形式化表示为：

$$\mathrm{IG}(T, f) = H(T) - H(T|f)$$

一般来说不同的特征具有不同的信息增益值，具有更大信息增益值的特征对类别的区分能力更强。

给定样本集合 T，其基尼指数可以表示为：

$$\text{Gini}(T) = 1 - \sum_{k=1}^{K} \left(\frac{|C_k|}{|T|} \right)^2$$

其中，C_k 表示 T 中属于第 k 个类别的样本子集，$|C_k|$ 表示 C_k 中样本个数，K 是数据集 T 中类别的数目。

3.2.5 $K-$ 近邻

$K-$ 近邻（KNN）算法是一种基于实例的学习方法，它的原理非常简单，对于输入的实例，找到离它最近的 K 个实例，K 个实例中哪一类数量更多，就把输入的实例分为哪类。前面介绍的分类算法模型训练和预测是分开的，而基于实例的模型训练和预测是在一起的，它不具有显式的学习过程。

$K-$ 近邻算法是一种经典的基于距离的分类算法，它的本质实际上是对特征空间的划分，通常采用的距离包括欧式距离、曼哈顿距离和余弦相似度。

欧式距离：

$$L(x_i, x_j) = \sqrt{\sum_{l=1}^{n} (x_i^{(l)} - x_j^{(l)})^2}$$

曼哈顿距离：

$$L(x_i, x_j) = \sum_{l=1}^{n} |x_i^{(l)} - x_j^{(l)}|$$

余弦相似度：

$$L(x_i, x_j) = \frac{\sqrt{\sum_{l=1}^{n} x_i^{(l)} \times x_j^{(l)}}}{\sqrt{\sum_{l=1}^{n} x_i^{(l)2}} \times \sqrt{\sum_{l=1}^{n} x_j^{(l)2}}}$$

K 值的选择对 $K-$ 近邻算法的分类效果非常重要，K 值过小会使模型变得复杂，容易过拟合，K 值过大会使模型过于简单，分类误差较大。在实际应用中，K 值一般取比较小的数值，并采用交叉验证的方法来选取最优的 K 值。MLlib 中并没有 KNN 的原生实现，可以使用第三方库 https://spark-packages.org/package/JMailloH/kNN_IS。

3.3 分类效果评估

对分类模型的泛化性能进行评估，不仅需要有效可行的实验估计方法，还需要合理的衡量模型泛化能力的评价标准。在对比不同模型的性能时，不同的评价标准往往会导致不同的评判结果，因此评价分类算法的优劣时需要根据不同场景选择合适的评价度量来分析模型的性能。MLlib 也提供了一套衡量机器学习模型性能的评价度量。

根据真实类别和分类器预测类别的不同组合可以将样本分成下面 4 种情形。

❏ 真正（True Positive，TP），被分类器正确分类的正类样本数。

❏ 假负（False Negative，FN），被分类器错误分类的正类样本数。

❏ 假正（False Positive，FP），被分类器错误分类的负类样本数。

❏ 真负（True Negative，TN），被分类器正确分类的负类样本数。

对应的混淆矩阵（Confusion Matrix）如表 3-1 所示。

表 3-1　混淆矩阵

真实情况		预测结果	
		正类	负类
	正类	TP	FN
	负类	FP	TN

3.3.1　正确率

正确率（Accuracy）较为简单，表示测试集中正确分类的样本占样本总数的比例：

$$ACC = (TP + TN) / (TP + FP + TN + FN)$$

该评价指标在类平衡的数据集上可以使用，但如果在不平衡的数据集上使用则有一定误导作用。而在真实应用中，不平衡数据集是非常普遍的。比如信用卡欺诈检测中，假设有 1% 的交易属于欺诈行为，那么即使将所有交易均预测为正常交易也能得到 99% 的正确率。因此正确率不适合分析不平衡数据集。

3.3.2　准确率、召回率和 $F1$ 值

准确率和召回率是广泛用于机器学习分类领域的两个度量值，用来评价结果的质量。

准确率（Precision，又称查准率）是针对预测结果而言的，它表示的是预测为正的样本中有多少是真正的正样本。

召回率（Recall，又称查全率）是针对样本而言的，它表示的是样本中的正例有多少被预测正确了，在不平衡分类问题中使用较多。

借助上面的定义，准确率（P）和召回率（R）可以表示为：

$$P = \frac{TP}{TP + FP}$$

$$R = \frac{TP}{TP + FN}$$

在实际应用中，准确率高时，召回率往往偏低，而召回率高时，准确率往往不能令人

满意。因此在综合比较两个分类器的时候，经常采用的评估指标是 *F1* 值。*F1* 值是准确率和召回率的调和平均值，计算公式如下。可以看出，*F1* 值更接近于准确率和召回率中较小的值。

$$F1 = \frac{2}{\dfrac{1}{P} + \dfrac{1}{R}} = \frac{2 * P * R}{P + R}$$

不同的分类场景对准确率和召回率的重视程度有所不同。例如在新闻推荐中，为了不影响用户体验，给用户推荐的新闻尽量要是用户感兴趣的，该情况下准确率比召回率更加重要。而在欺诈预测中，需要尽量覆盖所有欺诈行为，该情况下召回率更为重要。*F1* 值的一般形式 F_β 则可以根据分类场景需要来实现对准确率或召回率的权衡。F_β 的计算方法如下：

$$F_\beta = \frac{(1 + \beta^2) \times P \times R}{(\beta^2 \times P) + R}$$

当 $\beta<1$ 时召回率更为重要，$\beta=1$ 时 F_β 就是前面所讲述的 *F1* 值，而 $\beta>1$ 时准确率更为重要。

3.3.3 ROC 和 AUC

有些分类器对测试样本的预测结果是一个实数或者概率值。一般通过设定某个阈值来判断类别，如果输出大于阈值，则为正类，否则为负类。例如，逻辑回归模型利用 sigmoid 函数将预测输出控制在 0 到 1 之间。我们可以根据预测结果对测试样本进行排序，显然排序结果越靠前，测试样本为正类的可能性就越高。该排序结果的好坏直接反映了模型的效果。

实际使用时可以针对排序结果取前 *k* 个作为正类样本，而后面的所有样本归为负类。如果 *k* 值设置得较小，那么最终结果侧重于准确率，而如果 *k* 值设置较大，则最终结果侧重于召回率。所确定的 *k* 值只能显示排序结果在一种处理情况下的效果。而接受者操作特征（Receiver Operating Characteristic，ROC）曲线则可以更全面地评价排序结果。

ROC 曲线是显示分类器真正率和假正率之间关系的一种图形化方法。根据预测结果对样本进行排序，按此顺序逐个把样本作为正例进行预测，每次计算出真正率和假正率，并分别标记它们为纵坐标和横坐标，即可得到 ROC 曲线，真正率和假正率的计算方法如下：

$$TPR = \frac{TP}{TP + FN}$$

$$FPR = \frac{FP}{TN + FP}$$

图 3-5 所示是一个 ROC 曲线示意图。其中，（0,0）点对应将每个实例都预测为负类的模型，（1,1）点对应将每个实例都预测为正类的模型，而（0,1）点对应的模型则是理想模型。一个好的分类模型对应的曲线应该尽量靠近图的左上角。随机预测的模型对应主对角线。

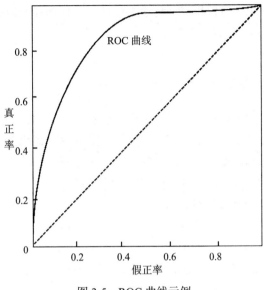

图 3-5 ROC 曲线示例

在比较性能时，如果一个分类模型的 ROC 曲线被另一个分类模型的 ROC 曲线完全"包住"，则可判定后者的性能优异于前者。而如果两个分类模型的 ROC 曲线有交叉，则很难直接断言两者的性能优劣，一般可以在具体的查准率和查全率条件下进行比较。ROC 曲线下方的面积（AUC）提供了评价模型平均性能的另一种方法。

$P-R$ 曲线（查准率 – 查全率曲线）和 ROC 曲线类似，只不过纵坐标和横坐标换成查准率 (P) 和查全率 (R)。如图 3-6 所示，$P-R$ 图直观地显示出分类器在样本总体上的查准率、查全率。

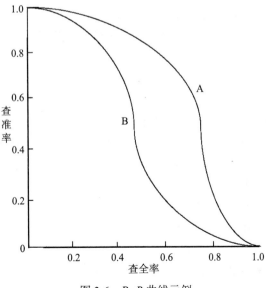

图 3-6 $P-R$ 曲线示例

P-R 曲线下方的面积也可以用于评价模型性能。该面积在一定程度上反映了模型在查准率和查全率上取得相对"双高"的比例。

3.4 App 数据的分类实现

本节将用到从 360 应用市场爬取下来的 App 数据，为了方便叙述，对数据进行了裁剪。本章对应的 GitHub 上的数据仅保留了购物优惠、地图旅游、教育学习、金融理财和游戏娱乐 5 个类别，更多类别可在 http://zhushou.360.cn/ 上查看。

在 Spark 本地模式下，可以快速运行实践，步骤如下。

1）准备数据：转换数据并加载数据；

2）训练模型：使用朴素贝叶斯和 SVM 分类器进行训练；

3）评估性能：计算指标并进行评估；

4）模型参数调优：选择两个维度，观察每次迭代中心点的变化，选择合适的 k 值。

3.4.1 选择分类器

实践之前，我们先来看一看算法选择的一般准则。

如何为分类问题选择合适的机器学习算法？如果你真正关心准确率，那么最佳方法是使用不同参数，测试各种不同的算法，然后通过交叉验证进行选择。或者，从 Netflix Prize 和 Middle Earth 中吸取教训，只使用了一个集成方法进行选择。如果只是为问题寻找一个"足够好"的算法，或者一个起点，这里有一些还不错的一般准则。

朴素贝叶斯优点：超级简单，你只是在做一串计算。如果朴素贝叶斯条件独立性假设成立，相比于逻辑回归这类判别模型，朴素贝叶斯分类器将收敛得更快，所以你只需要较小的训练集。如果独立性假设不成立，朴素贝叶斯分类器在实践方面仍然表现很好。如果想得到简单快捷的执行效果，这将是个好的选择。主要缺点是，不能学习特征之间的相互作用。

逻辑回归优点：有许多正则化模型的方法，并且对于它们你不需要像在朴素贝叶斯分类器中那样担心特征间的相互关联性。与决策树和支持向量机不同，你还可以有一个很好的概率解释，并能轻松地使用一个在线梯度下降方法更新模型来吸收新数据。如果你想要一个概率框架（比如简单地调整分类阈值），或你期望未来接收更多想要快速并入模型中的训练数据，就选择逻辑回归。

决策树的优点：易于说明和解释，它们可以很容易地处理特征间的相互作用，并且是非参数化的，所以你不用担心异常值或者数据是否线性可分（比如，决策树可以很容易地判断出某特征 x 的低端是类 A，中间是类 B，然后高端又是类 A 的情况）。它的一个缺点是不支持在线学习，所以当有新样本时，你将不得不重建决策树。另一个缺点是，容易过拟合，但这也正是诸如随机森林（或提高树）之类的集成方法的切入点。除此之外，随机森林往往是很多分类问题的赢家，它们快速并且可扩展，同时你无须担心要像支持向量机那样调一堆参数，所以它们最近似乎相当受欢迎。

SVM 的优点：高准确率，为过拟合提供了好的理论保证，并且即使你的数据在基础特征空间线性不可分，只要选定一个恰当的核函数，它们仍然能够取得很好的分类效果。它们在超高维空间是常态的，在文本分类问题中尤其受欢迎。

***K*- 近邻优点**：训练和预测过程可以同时进行，不具有固定的模型，在更新样本的同时就完成了模型的更新，但是由于将模型的训练延迟到预测时进行，在预测时需要进行大量的距离计算，导致模型在线上预测时有计算开销大、运算速度慢等缺点。

更好的数据往往能打败更好的算法，设计好的特征大有裨益。另外，如果你有一个庞大的数据集，这时你使用哪种分类算法对于分类性能来说可能并不要紧，所以建议基于速度和易用性选择算法。

3.4.2　准备数据

我们提供的数据格式是：**应用包名～应用名～类别～标签词～应用介绍**。

其中，标签词以"|"分割，应用介绍已经使用哈工大分词工具进行了分词操作，数据样例如下：

com.boshsaddi.cgrsnhn~ 掌上沪江英语每日一说 ~ 教育学习 ~ 英语 | 考试 | 雅思 | 课程 ~ 掌 /n 上 /nd 沪江 /ns 英语 /nz 每日 /r 一 /d 说 /v ，/wp 最 /d 专业 /a 的 /u 英语 /nz 在线 /b 直播 /n 学习 /v 品牌 /n ，/wp 专注 /v 四六级 /j 、/wp 考研 /j 英语 /nz 和 /c 雅思 /n 考试 /v ，/wp 提供 /v 完整 /a 的 /u 四六级 /j 、/wp 考研 /v 英语 /nz 、/wp 雅思 /n 直播 /v 课程 /n 、/wp 配套 /v 资料 /n 、/wp 在线 /v 模拟 /v 考试 /v 随堂 /d 测试 /v 和 /c 能力 /n 评估 /v 报告 /n 等 /u 考试 /v 学习 /v 解决 /v 方案 /n 。/wp 沪江英语 /Ns

可以看到分词后的应用介绍包含一些标点符号和停用词等，根据文本特征提取的处理方法，需要过滤停用词等。

朴素贝叶斯接收的输入是 libsvm 格式的数据，具体格式如下：

[label] [index1]:[value1] [index2]:[value2]…

label：目标值，所属类别，通常是一些整数；
index：是有顺序的索引，通常是连续的整数，是指特征编号，必须按照升序排列；
value：特征值，用来训练的数据，通常是一堆实数。

因此，需要转化上述数据，数据转化代码参考 ch03/AppTrainingData.scala，输入原始数据，生成 libsvm 格式的训练数据，本地测试参数和值如表 3-2 所示。

下面根据具体代码详细介绍词过滤及转换过程：

表 3-2　格式转化的本地测试参数和值

本地测试参数	参数值
mode	local[2]
input	2rd_data/ch03/data.txt
output	output/ch03/libsvm

```
val minDF = rdd.flatMap(_._2.distinct).distinct()
```

```
val indexes = minDF.collect().zipWithIndex.toMap
    val training = rdd.repartition(4).map{
      case (label, terms) =>
        val svm = terms.map(v => (v, 1)).groupBy(_._1).map {
          case (v, vs) => (v, vs.length)
        }.map{
          case (v, cnt) => (indexes.get(v).getOrElse(-1) + 1, cnt)
        }.filter(_._1 > 0)
          .toSeq
          .sortBy(_._1)
          .map(x => "" + x._1 + ":" + x._2)
          .mkString(" ")
        (AppConst.APP_CLASSES.indexOf(label), svm)
    }.filter(!_._2.isEmpty)
      .map(x => "" + x._1 + " " + x._2)
```

将数据 libsvm 格式化，得到如下格式的数据（目标值 第一维特征编号：第一维特征值
第二维特征编号：第二维特征值…）：

```
1 70454:1 70506:1 70916:1 129922:1 136081:1
```

简单分析数据，5 个类别的分布如图 3-7 所示。

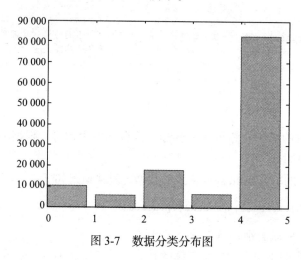

图 3-7   数据分类分布图

完成数据分析之后，接下来使用分类算法训练模型。

3.4.3   训练模型

现在我们已经从数据集中提取了基本的特征并将数据转化成了 libsvm 文件格式，接下
来进入模型训练阶段。为了比较不同模型的性能，将训练朴素贝叶斯和 SVM，其他诸如逻
辑回归、决策树等留给读者扩展实践。

鉴于 MLlib 中 RDD-based API 将逐渐由 Pipeline-based API 替代，因此本书中所有模型
的训练，优先使用 Pipeline-based 模式。你会发现这两种模式下，每一个模型的训练过程几

乎一样，不同的是不同的算法有自己特定的参数。

1. 使用朴素贝叶斯分类器

使用朴素贝叶斯分类器训练分类模型是比较容易的，首先需要读取 input 目录中的
libsvm 格式的数据，并根据数据训练模型，详
细代码参考 ch03/AppClassification.scala。

本地测试参数和值如表 3-3 所示。

下面根据具体代码详细介绍如何一步一步
地通过训练数据得到最终的贝叶斯分类模型的
结果。

表 3-3 贝叶斯分类的本地测试参数和值

本地测试参数	参数值
whdir	spark-warehouse
mode	local[2]
input	2rd-data/ch03/libsvm
output	output/ch03/NaiveBayes

```
val data = spark.read.format("libsvm").load(input)
val Array(trainingData, testData) = data.randomSplit(Array(0.7, 0.3), seed =
1234L)
// 训练一个贝叶斯模型
val model = new NaiveBayes().fit(trainingData)
```

因数据量不大，即使本地运行也会非常快地得到结果。

```
INFO DAGScheduler: ResultStage 9 (parquet at NaiveBayes.scala:262) finished in
1.256 s
INFO DAGScheduler: Job 5 finished: parquet at NaiveBayes.scala:262, took 1.733254 s
```

2. 使用 SVM 分类器

SVM 是一种典型的二分类器，即它只能回答是正类还是负类，而应用分类是一个多分
类问题，因此我们要从二分类器得到多类分类器。这里介绍两种常用方法。

1）一类对其他：每次仍然解一个二分类的问题。比如我们有 3 个类别，第一次就把类
别 1 的样本定为正样本，其余类别 2、3 的样本合起来定为负样本，这样会得到一个二分类
器，它能够指出一篇文章是否为第 1 类的；第二次把类别 2 的样本定为正样本，把类别 1、
3 的样本合起来定为负样本，得到一个分类器。如此下去，便可以得到 3 个这样的二分类器
（总是和类别的数目一致）。

2）一对一分类：每次也是解一个二分类的问题。每次选一个类的样本作为正类样本，
而负样本则变成只选一个类。同上面的例子，训练一批分类器来回答"是第 1 类还是第 2
类""是第 1 类还是第 3 类"和"是第 2 类还是
第 3 类"。此时分类器的个数为 $k(k-1)/2$。

我们选择方法 2 进行 SVM 分类模型训
练，详细代码参考 ch03/AppClassificationSVM.
scala，本地测试参数和值如表 3-4 所示。

训练代码如下：

表 3-4 SVM 分类的本地测试参数和值

本地测试参数	参数值
whdir	spark-warehouse
input	2rd_data/ch03/libsvm/part-00000
output	output/ch03/svmmodel
mode	local[2]

```
/* 5 * 4 / 2 = 10 */
```

```
val data = MLUtils.loadLibSVMFile(sc, input).cache()
val labels = data.map(_.label).distinct().collect().sorted.combinations(2)
.map(x => (x.mkString("_"), x))
labels.foreach {
case (tag, tuple) =>
val parts = data.filter(lp => tuple.contains(lp.label)).map{
case lp =>
val label = if (lp.label == tuple(0)) 0 else 1
      new LabeledPoint(label, lp.features)
   }
val splits = parts.randomSplit(Array(0.7, 0.3), seed = 11L)
val training = splits(0).cache()
val test = splits(1)
val svmAlg = new SVMWithSGD()
   svmAlg.optimizer
.setNumIterations(100)
    .setRegParam(0.01)
val model = svmAlg.run(training)
}
```

3.4.4 模型性能评估

接下来评估上一节得到的模型的性能。二分类常用 ROC 曲线和 P-R 曲线。我们选取了类 0 和类 1 的 SVM 分类器。

如图 3-8 所示是 ROC 曲线，表示了在不同阈值下，TRP 与 FPR 的对应关系。

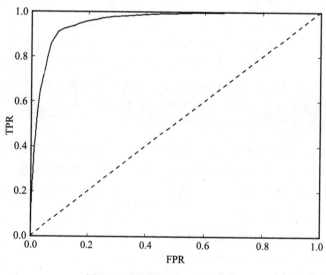

图 3-8　应用数据的 ROC 曲线

如图 3-9 所示的 P-R 曲线，表示模型随着阈值的改变，准确率和召回率的对应关系。P-R 曲线下的面积为平均准确率，可以从图中看出面积接近于 1。

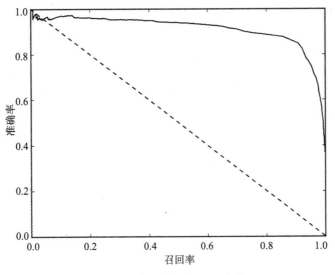

图 3-9　应用数据的 *P–R* 曲线

MLlib 中内置了计算 *P–R* 和 ROC 曲线下的面积的方法，代码如下：

```
val scoreAndLabels = test.map { point =>
val score = model.predict(point.features)
  (score, point.label)
}
// 获得评价指标
val metrics = new BinaryClassificationMetrics(scoreAndLabels)
val auc = metrics.areaUnderROC()
```

对比于朴素贝叶斯分类器的性能，我们使用正确率这个指标。计算朴素贝叶斯分类器的正确率的代码如下：

```
val predictions = model.transform(testData)
val evaluator = new MulticlassClassificationEvaluator()
.setLabelCol("label").setPredictionCol("prediction").setMetricName("accuracy")
val accuracy = evaluator.evaluate(predictions)
println("Accuracy: " + accuracy)
```

得到 Accuracy: 0.8499387287548618。使用 10 个 SVM 分类器联合分类的正确率为 Accuracy: 0.8527451347806302，与使用朴素贝叶斯得到的结果相差不大。

3.4.5　模型参数调优

SVM 模型默认使用 L2 正则，图 3-10 是调节正则化参数 regParam 后，对比 L1 与 L2 正则下 AUC 的变化。

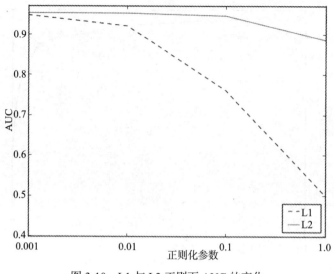

图 3-10　L1 与 L2 正则下 AUC 的变化

　　MLlib 中模型的默认迭代次数是 100，SGD 收敛到合适的解需要的迭代次数不高，读者可以进一步增加迭代次数，观察 AUC 的变化，可以发现增大迭代次数对结果的影响很小。

3.5　其他分类模型

　　除了上述介绍和实现的分类模型，还有一些分类模型在上述模型的基础上进行了一些改进，以提升分类效果，下面简要介绍会在后续的章节中用到的一些分类模型，这里只简要介绍模型的原理，具体的使用方法会在实际的应用中详细说明。

3.5.1　随机森林

　　随机森林（Random Forest）是一种基于 Bagging（Bootstrap Aggregation）的决策树的改进模型，它构建多个决策树共同决定分类结果，在构建每棵树时进行采样，每棵树只学到样本和特征的一部分，因此模型不容易过拟合。和决策树类似，随机森林也能处理分类特征，可以拓展到多分类场景，无须做特征归一化，能捕捉到特征中的非线性因素和特征的相互影响。

　　在训练过程中，一方面，在每次迭代时，对原始数据集进行有放回的重采样，来获得不同的训练数据；另一方面，在每次训练决策树时，从特征集合中随机抽取特征子集来进行训练，也就是说，随机森林既进行了样本采样又进行了特征采样，保证每棵树都有一定的随机性。在预测时，随机森林综合所有决策树的预测结果来对一个新的样本进行预测。一般采取类别投票的方式确定最终类别，也就是说，将所有决策树中预测最多的类别作为最终的预测类别。

3.5.2　梯度提升树

梯度提升树（Gradient Boosting Decision Tree，GBDT）模型是一种基于提升方法的决策树改进的树模型，它训练多棵决策树，每一棵树学习的是之前的所有的树预测值与真实值之间的残差，最终将多棵树的打分进行叠加得出结果。GBDT 控制树的规模保证每棵树只学习一部分的样本和特征，来防止过拟合，模型有较好的泛化性。

相比较 GBDT 算法只利用了一阶导数信息，XGBoost（Extreme Gradient Boosting）对损失函数做了二阶的泰勒展开，并在目标函数之外加入了正则项对整体求最优解，用以权衡目标函数的下降和模型的复杂程度，避免过拟合。

随机森林和 GBDT 都是基于决策树的集成模型，它们都可以简单直观地描述特征的非线性和特征之间的组合，有着不错的训练效果，同时可以较好地防止过拟合，两个模型的差别如下。

- ❏ GBDT 每次只训练一个棵树，而随机森林可以同时并行训练多棵树，训练速度更快。
- ❏ 随机森林更不容易过拟合，随机森林中使用更多的树会降低过拟合风险，但是 GBDT 使用更多的树则会增加过拟合风险。
- ❏ 随机森林由于加入了随机抽样，相同样本和训练参数的多次训练结果会不同，训练过程不可复现，而 GBDT 每次的训练结果是相同的。
- ❏ 在 MLlib 实现中，随机森林可以处理二分类和多分类问题，而 GBDT 只能处理二分类问题。

由于随机森林和 GBDT 都是基于树模型的分类器，特征维度很大时，训练速度会非常慢，训练效果也较差，在实际的 CTR 预估中，一般会先将高维稀疏特征转化为低维稀疏特征，再用随机森林和 GBDT 进行训练。

3.5.3　因式分解机模型

因式分解机（Factorization Machine，FM）模型是一种基于矩阵分解的机器学习模型，对于稀疏数据具有很好的学习能力。FM 模型引入隐变量 v_i 来对 w_{ij} 进行估计，模型的形式化表示如下：

$$y(x) = w_0 + \sum_{i=1}^{n} w_i x_i + \sum_{i=1}^{n-1} \sum_{j=i+1}^{n} (v_i^{\mathrm{T}} v_j) x_i x_j$$

其中：

$$V_i = (V_{i1}, V_{i2}, \cdots V_{ik})^{\mathrm{T}}, i = 1, 2, ..., n$$

$$w_{ij} = V_i^{\mathrm{T}} V_j = \sum_{i=1}^{k} v_{il} v_{jl}$$

由于 $w_{ij} = V_i^{\mathrm{T}} V_j$，对应于一种矩阵分解，所以被称为因式分解机模型，在实际应用中，一般 k 值取得比较小，可以限制 FM 的表达能力，提高模型的泛化能力。FM 和 LR 一样能够驾驭大规模特征，并在 LR 的线性部分基础上，对特征做二阶组合，这会省去人工特征工程的工作。

3.6 本章小结

本章主要介绍了 MLlib 中提供的各类分类模型，讨论了分类模型的常见算法，以及算法的合理使用场景、分类模型效果的评估方法，如正确率、准确率、召回率、$F1$ 值、ROC 和 AUC 等。还讨论了如何在给定的输入数据中训练模型，如何用之前介绍的技术处理特征以得到更好的性能，以及如何对模型参数进行调优。最后扩展了一些分类模型的知识。

对于一些可以从 Spark 官网上获取的算法示例代码，我们没有进行展示，包括示例代码也没有在书中展示，需要的读者可以从本书目录 https://github.com/datadance 下载。

本章使用的数据集是从 360 应用市场爬取下来的应用数据。

在下一章中，我们将使用类似的方法研究 MLlib 的聚类模型。

第 4 章 _Chapter 4_

构建聚类模型

众人重利，廉士重名，贤人尚志，圣人贵精。

——《庄子·刻意》

多数人看重利，廉洁之士注重名声，贤人君子崇尚志向，圣人看重精神。

多数人因为利益聚集在一起，廉洁之士因为对名声的偏好聚集在一起，贤人君子因为相同的志向聚集在一起，而圣人因为精神追求聚集在一起，这体现了朴素的聚类思想，聚类是一种无监督行为，生活中的很多事物都需要聚类分析，归纳这些聚在一起的事物的类别特征，能更好地发现事物的本质。

本章首先讲解聚类模型的常用算法，包括 KMeans、DBSCAN 和文本主题聚类，然后介绍聚类效果的评价方法，并使用鸢尾花卉数据集与 GPS 数据对 KMeans 和 DBSCAN 等模型进行聚类实现。

4.1 聚类概述

聚类是一种无监督学习方法，在事先不知道分类的情况下，根据数据之间的相似程度进行划分，目的是使同类别的数据对象的差别尽可能小，不同类别的数据对象之间的差别尽可能大。

为了直观地理解聚类，以鸢尾花卉聚类为例，选取萼片长度、萼片宽度和花瓣长度三个维度绘制鸢尾花卉数据集，并且用不同的形状绘制不同类别的样本点。从图 4-1 所示的鸢尾花卉数据样本在所选三维空间上的分布可以看出，同一类别的样本点在空间上的位置更紧凑。

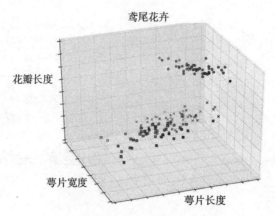

图 4-1　鸢尾花卉数据集聚类情况

常见聚类方法如表 4-1 所示。

表 4-1　常见聚类方法

类别	主要算法
基于距离划分的方法	KMeans、KMedoids、CLARANS（基于随机搜索的算法）
基于密度的方法	DBSCAN（高密度连接区域）、DENCLUE（密度分布函数）、OPTICS（对象排序识别）
基于层次分析的方法	BIRCH（平均迭代规约和聚类）、CURE（代表点聚类）、Chameleon（动态模型）
基于网格的方法	STING（统计信息网络）、SLIOUE（聚类高维空间）
基于模型的方法	统计学、神经网络

4.2　聚类模型

聚类模型种类繁多，本次聚焦讲解 KMeans 聚类、DBSCAN 聚类和文本主题聚类等简单常用的聚类模型。

4.2.1　KMeans 聚类

KMeans 是被最广泛使用的聚类算法，它认为簇是由相近的对象组成的，其优化目标是簇内的点尽量紧凑，即簇内距离尽量小。

算法的核心是距离的度量，不同距离的度量方法，选择的目标函数也往往不同。常用的距离度量方法有欧氏距离和余弦相似度。在高维稀疏特征空间（如文本聚类）上，余弦相似度相对欧氏距离能更好地表达样本之间的距离。

当采用欧氏距离时，目标函数一般为最小化对象到其簇形心的距离的平方和，如下：

$$\min \sum_{i=1}^{k} \sum_{x \in C_i} \text{dist}(c_i, x)^2$$

当采用余弦相似度时，目标函数一般为最大化对象到其簇形心的余弦相似度之和，如下：

$$\max \sum_{i=1}^{k} \sum_{x \in C_i} \cos(c_i, x)$$

KMeans 算法的执行过程如下：

1）选择 k 个点作为初始形心；

2）重复下面的第 3 步和第 4 步，直到第 5 步满足；

3）将每个点指派到最近的簇形心，形成 k 个簇；

4）重新计算每个簇的形心；

5）直到形心不发生变化。

KMeans 算法的时间复杂度与样本数量线性相关，简单高效，对大数据集有较好的可伸缩性，非常适合大规模数据的聚类。最大的缺点是需要事先指定 k 值，k 值设定的好坏对聚类结果影响很大。此外，KMeans 算法还存在无法发现非球型簇、聚类效果容易受到噪声点影响等问题。

使用 MLlib 的 KMeans 进行数据聚类的代码示例如下：

```
// 加载数据
val dataset = spark.read.format("libsvm").load(input)
// 归一化
val scaler = new MinMaxScaler().setInputCol("features").setOutputCol
("scaledFeatures")
// 计算数据集的汇总统计量，并产生一个 MinMaxScalerModel
val scalerModel = scaler.fit(dataset)
// 将每个特征重新缩放至 [min, max] 范围
val scaledData = scalerModel.transform(dataset)
val featuresCol = "scaledFeatures"
val k = 3
val model = new KMeans().setK(k).setFeaturesCol(featuresCol)
.setSeed(1234L).fit(scaledData)
```

4.2.2　DBSCAN 聚类

DBSCAN（Density-Based Spatial Clustering of Applications with Noise）是一种基于密度的聚类算法，它将簇定义为密度相连点的最大集合，把具有足够高密度的区域划分为簇。

DBSCAN 的参数包括：半径 Eps、密度阈值 MinPts、数据对象集合 D，根据半径 Eps、密度阈值 MinPts 可以将所有的点分为核心点、边界点和噪声点。

❑ 核心点：距离该点 Eps 邻域内的点个数大于 MinPts；

❑ 边界点：不是核心点，但是在核心点的邻域内的点；

❑ 噪声点：非核心点也非边界点的其他点。

核心点、边界点与噪声点的划分如图 4-2 所示。

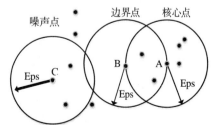

图 4-2　核心点、边界点和噪声点划分示例

DBSCAN 算法的执行过程如下：

1）将所有的点定义为核心点、边界点和噪声点；

2）删除噪声点；

3）为距离在 Eps 之内的所有核心点连一条边；

4）每组连通的核心点形成一个簇；

5）将每个边界点指派到一个与之关联的核心点的簇中。

DBSCAN 的聚类效果与输入的参数有很大关系，参数的细微调整都可能造成结果的巨大差别，一般使用 DBSCAN 时都需要反复调整参数，做多组实验对比聚类效果。

和 KMeans 相比，DBSCAN 的优点在于不需要事先指定簇的个数，能够发现任意形状的簇，并且该模型有较好的抗噪能力。但缺点是，在高维特征空间，密度的定义比较困难，并且判断近邻时需要计算样本两两之间的距离，计算开销非常大，此时 DBSCAN 算法就不再适用。

DBSCAN 算法的典型应用场景是地理位置聚类，MLlib 中并没有提供原生 DBSCAN 的实现，我们结合 Spark 与 scalanlp/nak 中提供的 GDBSCAN 算法实现来达到聚类目的，示例代码如下：

```
// 构建 DBSCAN 聚类 RDD
val clustersRdd = checkinsRdd.mapValues (dbscan (0.01,5, _))
// 使用 nak.cluster 聚类方法，定义 DBSCAN，输入半径 Eps、密度阈值 MinPts、数据集合 D
def dbscan (epsilon:Double, minPoints:Int,v: breeze.linalg.DenseMatrix[Double]):
scala.Seq[nak.cluster.GDBSCAN.Cluster[Double]] = {
    val gdbscan = new GDBSCAN (getNeighbours (epsilon,distance= euclideanDistance),
isCorePoint (minPoints))
    val clusters = gdbscan cluster v
    clusters
}
```

4.2.3　主题聚类

在文本聚类中，KMeans 和层次聚类可以得到不错的结果，但是这两种方法只能保证词语相似的文档聚到一个簇中，不能够保证每个簇都有明确的主题含义。主题模型（Topic Model）在得到文档隐含主题的同时，能够把具有相同主题含义的文档聚到同一个簇里。常用的主题模型有 LSA（Latent Semantic Analysis）、PLSA（Probabilistic Latent Semantic Analysis）和 LDA（Latent Dirichlet Allocation）等，其中 LDA 是目前使用最广泛的主题模型。

PLSA 认为每篇文档是多个主题的概率分布，而每个主题又是多个单词的概率分布，求解概率分布的参数就可以得到文档的主题分布，继而把相同主题的文章归为一类。LDA 在 PLSA 的基础上，为主题分布和词分布加入了 Dirichlet 先验，效果相比 PLSA 有一定的提升。

下面详细介绍 LDA 模型的原理。对于语料库中的每篇文档，LDA 定义了如下生成过程：

1）对每一篇文档，从主题分布中抽取一个主题；

2）从上述被抽到的主题所对应的单词分布中抽取一个单词；

3）重复上述过程直至遍历文档中的每一个单词。

LDA 的原理可以用图 4-3 表示，这种表示方法被称作"盘子表示法"（plate notation）。图中的阴影圆圈表示可观测变量（observed variable），非阴影圆圈表示潜在变量（latent variable），箭头表示两变量间的条件依赖性（conditional dependency），方框表示重复抽样。

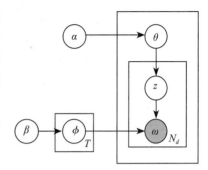

图 4-3　LDA 原理的盘子表示法

假设整个文章集合一共有 T 个主题，V 个单词，每个文章在 T 个主题上有一个分布，该分布是多项式分布，记为 θ；每个主题在 V 个单词上有一个分布，该分布也是多项式分布，记为 ϕ。θ 和 ϕ 分别有一个先验分布，这两个先验分布都是 Dirichlet 分布。对于一篇文档，我们从该文档所对应的多项分布 θ 中抽取一个主题 z，然后再从主题 z 所对应的多项分布 ϕ 中抽取一个单词 w，这样就得到文档中的一个词，重复这个过程就能得到整个文档。

只要求解 θ 和 ϕ，就能够得到每篇文档的主题分布和每个主题下的单词分布，可以用 EM 算法直接求解，但是计算复杂度太高，实际应用中通常使用 Gibbs 采样来近似求解。

需要注意的是，LDA 模型最终给出的是文档在每个主题下的概率分布，而不是直接给出聚类结果，我们一般取每篇文档概率最大的主题作为文档的主题，并将相同主题的文档聚为一类。在给出文档主题的同时，LDA 模型还能得到每个主题下的单词分布，我们可以通过对每个主题下的关键词进行总结分析，得到每个主题的实际含义。

使用 MLlib 实现 LDA 主题聚类的代码如下：

```
// 定义训练 LDA 模型的方法、参数：docTfidf（文件向量）、k（聚类数量）、iter（迭代次数）、ck 检查点
   def trainLDAModel（docTfidf: RDD[（Long, Vector）],k: Int,iter: Int, ck: Int）:
LDAModel = {
       val lda = new LDA（）
.setK（k）.setMaxIterations（iter）.setCheckpointInterval（ck）
      lda.run（docTfidf）.asInstanceOf[DistributedLDAModel].toLocal
    }
```

LDA 模型的核心参数是主题数目 k，k 过小会使不同主题的文档被分成一类，导致主题的实际含义不明；k 过大会导致相同主题的文档被分为多类，还会出现一些无意义的主题，无法达到聚类的目的。实际应用中，需要结合应用场景的先验知识，确定 k 值的合理范围，尝试不同的 k 值并对聚类结果进行人工标注，以达到最优的主题聚类效果。

使用 LDA 模型对 100 万篇新闻数据进行文本主题聚类，主题数 k 取 200，部分主题下的关键词展示如图 4-4 所示。

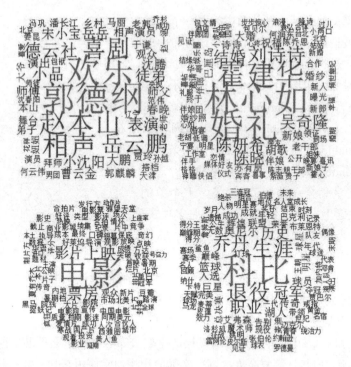

图 4-4　100 万篇新闻数据的文本聚类展示

可以看出每个主题都具有实际含义，例如主题 1 是娱乐类新闻中的喜剧主题，主题 4 是体育类新闻中的 NBA 主题。

LDA 在文本挖掘中被广泛应用，它不需要事先对数据进行人工标注，在无法获取有标签数据或数据标注成本较高时，可以考虑先使用 LDA 对数据进行主题聚合，再对每个主题下的数据进行详细分析。

4.3　聚类效果评价

聚类分析的目标是实现簇内相似性高、簇间相似性低。簇内相似性越大、簇间相似性越小，聚类效果越好。下面几种评价指标均是为了衡量这一指标。

4.3.1　集中平方误差和

集中平方误差和（Within Set Sum of Squared Error，WSSSE）是最直观的评估方法，它通过计算数据集中所有的点到簇内中心点的距离平方和来衡量聚类的效果。一般来说，簇内的点距离中心点的距离越小，说明聚类的效果越好。但在实际使用过程中，必须还要考虑聚类结果的可解释性，比如如果考虑极限情况，当簇的个数和数据集的大小一样时，每个点都是聚类中心，每个类都只有一个点，此时簇内距离平方和为 0，但是这样的聚类结果显然是没有意义的。WSSSE 适合基于距离的聚类算法（如 Kmeans）的效果评估，不适合评估 DBSCAN 这类基于密度的聚类算法。

4.3.2 Purity 评价法

纯度 Purity 评价法定义 p_{ij} 为聚类的成员属于类别的概率，即 $p_{ij} = \dfrac{m_{ij}}{m_i}$，其中 m_{ij} 指的是聚类 i 的成员属于类别 j 的个数，m_i 是聚类的成员总数。定义 $p_i = \max(p_{ij})$，假设聚类数目为 k，整个样本数据集大小为 m，则聚类划分的 Purity 的计算公式如下：

$$\text{purity} = \sum_{i=1}^{k} \frac{m_i}{m} p_i$$

该评价法相对简单，其在类平衡的数据集上可以使用，但如果在不平衡的数据集上使用则有一定误导作用。而在真实应用中，不平衡数据集是非常普遍的。比如信用卡欺诈检测中，假设有 1% 的交易属于欺诈行为，那么即使将所有交易均预测为正常交易也能得到非常高的 Purity。

4.4 使用 KMeans 对鸢尾花卉数据集聚类

本节为了更清楚地说明 KMeans 的聚类过程，采用了 UCI 数据库中提供的鸢尾花卉数据集进行实验，该数据集小且有明确的分类，在 Spark 本地模式下，可以快速运行实践，步骤如下。

1）准备数据：转换数据并加载数据；

2）特征处理：对数据进行归一化处理，并提取特征；

3）训练模型：使用 KMeans 进行训练；

4）模型性能评估：计算指标并进行评估；

5）模型参数调优：选择两个维度，观察每次迭代中心点的变化，选择合适的 k 值。

4.4.1 准备数据

我们提供的数据格式如下：萼片长度 [SepalLength]（cm）、萼片宽度 [SepalWidth]（cm）、花瓣长度 [PetalLength]（cm）、花瓣宽度 [PetalWidth]（cm）、类 [Species]（Iris Setosa，Iris Versicolour，Iris Virginica）。

样例数据如下：

```
5.1,3.5,1.4,0.2,Iris-setosa
4.9,3.0,1.4,0.2,Iris-setosa
4.7,3.2,1.3,0.2,Iris-setosa
4.6,3.1,1.5,0.2,Iris-setosa
5.0,3.6,1.4,0.2,Iris-setosa
```

```
5.4,3.9,1.7,0.4,Iris-setosa
4.6,3.4,1.4,0.3,Iris-setosa
```

有效获取数据是大数据分析和挖掘的基础，数据的质量直接影响着模型的最终效果。对于有明显异常点的数据集，需要去除异常点，避免异常点对模型的干扰。如果数据量太大，无法使用全部数据来训练模型，可以对数据进行抽样，使用抽样结果进行模型训练。

数据预处理详细代码可参考 ch04/IrisCluster. scala，本地测试参数和值如表 4-2 所示。

需要先进行数据加载，需要注意数据格式为 libsvm，加载数据代码如下：

表 4-2　KMeans 聚类的本地测试参数和值

本地测试参数	参数值
whdir	spark-warehouse
input	2rd_data/ch04/iris_kmeans.txt
mode	local[2]

```
// 加载数据
val dataset = spark.read.format ("libsvm") .load (input)
```

4.4.2　特征处理

大部分机器学习模型需要以特征向量的形式来表示一个样本，这需要业务专家指导从原始数据中提取有较强区分度的特征，并将特征转变成特征向量的形式作为模型的输入。对于数值型特征，可以直接用其值作为特征的取值，也可以对其值进行离散化操作。对于类别型特征，则需要对取值进行一位有效编码（One-Hot Encoding，即独热编码）或在编程中指定类别型特征集合。

有些模型还需要对特征进行归一化处理，归一化可以加快优化过程的收敛速度，避免方差大的特征对模型训练造成干扰，MLlib 机器学习库提供 StandardScaler、MinMaxScaler 函数进行归一化。对于某些特征存在缺失值的情况，需要使用均值或者众数进行填充。对于特征维度过多的情况，需要进行降维操作，Spark MLlib 支持的降维方法包括 ChiSqSelector 和 PCA。

```
// 使用 MinMaxScaler 方法进行数据归一化
val scaler = new MinMaxScaler ( ) .setInputCol ("features") .setOutputCol
("scaledFeatures")
// 计算数据集的汇总统计信息，并产生一个 MinMaxScaler 模型
val scalerModel = scaler.fit (dataset)
// 将每个特征重新缩放至 [min, max] 范围
val scaledData = scalerModel.transform (dataset)
```

4.4.3　聚类分析

指定簇的个数 k=3，并设置特征列 scaledFeatures，填充数据，并基于 KMeans 进行数据聚类。

```
val featuresCol = "scaledFeatures"
val k = 3
val model = new KMeans ( ) .setK (k) .setFeaturesCol (featuresCol) .setSeed (1L) .fit
(scaledData)
```

聚类过程中，需要随时观察输出结果，当迭代次数为 1 时，为每一类随机选择初始的中心点，如图 4-5 所示。

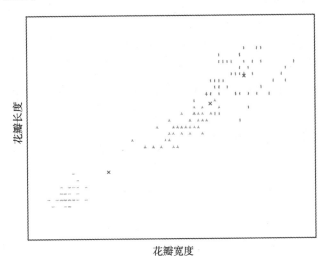

图 4-5　KMeans 第 1 次迭代

迭代次数为 2 时，可以看到左下部分的中心点快速地向集合的中心靠拢，如图 4-6 所示。

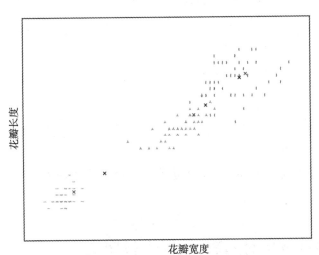

图 4-6　KMeans 第 2 次迭代

迭代次数为 3 时，基本到达 3 个簇的中心，如图 4-7 所示。

通过可视化观察，可以看出迭代次数达到 3 时可以达到较优和可用的聚类结果，但是当我们的数据维度较高无法进行可视化时，就需要采用一个量化的指标进行衡量，下一节将会给出 $k=2$ 和 $k=3$ 时集中平方误差和指标的值。

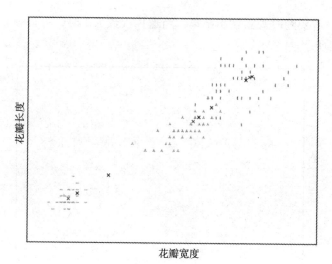

图 4-7   KMeans 第 3 次迭代

4.4.4　模型性能评估

我们使用 RMSE 评估模型性能，基于 Spark 的伪代码如下：

```
// 使用集合内平方误差和进行评估
val WSSSE = model.computeCost(scaledData)
println(s"$k: Squared Errors = $WSSSE")
// prediction
model.setFeaturesCol(featuresCol)
  .transform(scaledData)
  .groupBy($"label", $"prediction")
  .count()
  .show()
```

当迭代次数为 2 时，输出为 Squared Errors= 12.1436 882 815 797 35，当迭代次数为 3 时，输出为 7.138647703985387。

从该量化的评价指标，同样可以看出迭代次数为 3 时效果较优，与前面可视化观察的结论一致。

4.5　使用 DBSCAN 对 GPS 数据进行聚类

本节为了更清楚地说明 DBSCAN 的聚类过程，采用了 https://snap.stanford.edu 上提供的 gowalla 签到数据，该数据集提供了用户签到的时间和地理位置信息，图 4-8 是基于该数据集的 GPS 点通过 R 绘图所得，X 和 Y 分别表示经纬度。

第 2 章对该数据集进行了一些简单的统计，接下来将给出基于该数据的 DBSCAN 聚类算法实现过程。

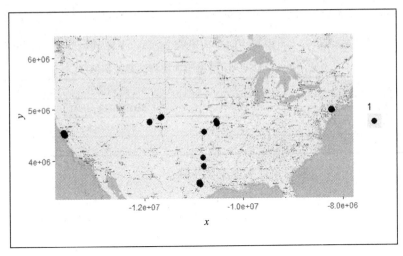

图 4-8　用户签到数据绘图

实验步骤如下。

1）准备数据：下载数据（地址：https://snap.stanford.edu/data/loc-gowalla.html）并提取经纬度信息；

2）特征处理：对特征进行处理；

3）训练模型：使用 dbscan 进行训练；

4）模型性能评估：对模型性能进行评估；

5）模型参数调优：选择合适的距离函数、Eps 和 MinPts。

4.5.1　准备数据

使用的 GPS 数据的数据字段如表 4-3 所示。

样例数据如下：

表 4-3　GPS 数据字段表

字　　段	说　　明
user	用户标识
check-in time	签到时间点
latitude	纬度
longitude	经度
location id	位置 ID

```
0    2010-10-19T23:55:27Z    30.2359091167    -97.7951395833    22847
0    2010-10-18T22:17:43Z    30.2691029532    -97.7493953705    420315
0    2010-10-17T23:42:03Z    30.2557309927    -97.7633857727    316637
0    2010-10-17T19:26:05Z    30.2634181234    -97.7575966669    16516
0    2010-10-16T18:50:42Z    30.2742918584    -97.7405226231    5535878
0    2010-10-12T23:58:03Z    30.261599404     -97.7585805953    15372
0    2010-10-12T22:02:11Z    30.2679095833    -97.7493124167    21714
0    2010-10-12T19:44:40Z    30.2691029532    -97.7493953705    420315
0    2010-10-12T15:57:20Z    30.2811204101    -97.7452111244    153505
0    2010-10-12T15:19:03Z    30.2691029532    -97.7493953705    420315
0    2010-10-12T00:21:28Z    40.6438845363    -73.7828063965    23261
0    2010-10-11T20:21:20Z    40.74137425      -73.9881052167    16907
0    2010-10-11T20:20:42Z    40.741388197     -73.9894545078    12973
0    2010-10-11T00:06:30Z    40.7249103345    -73.9946207517    341255
0    2010-10-10T22:00:37Z    40.729768314     -73.9985353275    260957
```

```
0      2010-10-10T21:17:14Z      40.7285271242      -73.9968681335      1933724
```

数据预处理详细代码参考 ch04/GeolocatedCluster.scala，本地测试参数和值如表 4-4 所示。

表 4-4　DBSCAN 聚类的本地测试参数和值

本地测试参数	参数值
input	2rd_data/ch04/gps.dat
output	output/ch04/dbscan
mode	local[2]

下面根据具体代码介绍数据预处理的具体步骤：

```
// 加载数据，并格式化数据
val gowalla = sc.textFile(input).map(_.split("\t")).mapPartitions{
  case iter =>
      val format = DateTimeFormat.forPattern("yyyy-MM-dd\'T\'HH:mm:ss\'Z\'")
iter.map{
      case terms => CheckIn(terms(0), DateTime.parse(terms(1),format), terms(2).
              toDouble, terms(3).toDouble,terms(4))
  }
}
```

4.5.2　特征处理

对数据进行特征处理，使用稠密矩阵（DenseMatrix）生成新的特征矩阵，具体代码如下：

```
// 特征处理
val checkinsRdd = gowalla
  .map{
  case check => (check.user, (check.longitude, check.latitude))
}    .groupByKey().mapValues(_.toArray).map{
  case (user, points) =>
    val col1 = points.map(_._1)
    val col2 = points.map(_._2)
    val bdm = new DenseMatrix(points.size, 2, col1 ++ col2)
    (user, bdm)
}
```

4.5.3　聚类分析

定义 DBSCAN 聚类方法，并调用 DBSCAN 方法进行聚类建模，具体的模型训练代码如下：

```
// 调用 dbscan 模型方法
val clustersRdd = checkinsRdd.mapValues(dbscan(0.01, 5, _))
// 定义 dbscan 聚类方法
def dbscan(epsilon:Double, minPoints:Int, v: breeze.linalg.DenseMatrix[Double]):
scala.Seq[nak.cluster.GDBSCAN.Cluster[Double]] = {
    val gdbscan = new GDBSCAN(
```

```
    getNeighbours(epsilon, distance = euclideanDistance),
    isCorePoint(minPoints)
  )
  val clusters = gdbscan cluster v
  clusters
}
```

4.5.4 模型参数调优

根据 DBSCAN 的算法原理，我们知道影响聚类效果的核心参数有：距离函数、邻域半径（Eps）和邻域内最少点数（MinPts）。下面将对这些参数的概念和调优计算进行介绍。

1. 距离函数

这里使用的是测地距离：

$$S = 2\arcsin\sqrt{\sin^2\frac{a}{2} + \cos(\text{Lat1}) \times \cos(\text{Lat2}) \times \sin^2\frac{b}{2}} \times 6378.137$$

说明：

1）$a = \text{Lat1} - \text{Lat2}$ 为 A、B 两点纬度之差，$b = \text{Lng1} - \text{Lng2}$ 为 A、B 两点经度之差；

2）Lat1 表示 A 点维度、Lng1 表示 A 点经度；Lat2 表示 B 点维度，Lng2 表示 B 点经度；

3）6378.137 为地球半径，单位为千米。

```
// 计算 rad 距离 Vector[latitude, longitude]
val radDistance = (p1: Vector[Double], p2: Vector[Double]) => {
val lat1 = p1(0)
val lng1 = p1(1)
val lat2 = p2(0)
val lng2 = p2(1)
val radLat1 = rad(lat1)
val radLat2 = rad(lat2)
val deltaLat = rad(lat1) - rad(lat2)
val deltaLng = rad(lng1) - rad(lng2)
2 * EARTH_RADIUS * Math.asin(
Math.sqrt(
Math.pow(Math.sin(deltaLat / 2), 2) + Math.cos(radLat1) * Math.cos(radLat2) *
Math.pow(Math.sin(deltaLng / 2), 2)))
  }
```

更新 dbscan 函数。

```
// 半径 epsilon、密度阈值 minPoints、数据对象集合 v
def dbscan(epsilon:Double, minPoints:Int, v: breeze.linalg.DenseMatrix[Double]):
scala.Seq[nak.cluster.GDBSCAN.Cluster[Double]] = {
val gdbscan = new GDBSCAN(
getNeighbours(epsilon, distance = DBScanDistance.radDistance),
isCorePoint(minPoints)
)
val clusters = gdbscan cluster v
```

```
clusters
}
```

2. Eps 和 MinPts

Eps 和 MinPts 的值对聚类结果影响很大，DBSCAN 算法主要的参数优化过程就是不断调整这两个参数值，以得到较好的聚类结果。Eps 和 MinPts 是相互作用的，MinPts 的取值是整数，而 Eps 的取值范围是实数域，因此一般固定 MinPts，求解当前 MinPts 下最优的 Eps，再对比多组 MinPts 下最优 Eps 的聚类效果，从而得到最优的参数。

由于 Eps 的取值范围是实数域，遍历所有的 Eps 显然不现实，下面介绍一种 Eps 的选择方法，它通过观察每个点到其 k 个最近邻的距离，得到 MinPts = k 时最优的 Eps。该方法的思想是，对于在一个类中的所有点，它们的第 k 个最近邻大概距离是一样的，噪声点的第 k 个最近邻的距离比较远。所以，计算所有点的 k 近邻半径，并对它们进行排序，曲线剧烈变化时的距离，就是当前最优的 Eps，k 近邻半径小于 Eps 的点都被标记为核心点。

4.6 其他模型

上面介绍的 KMeans、DBSCAN 和主题聚类是三种典型的聚类算法，接下来将补充介绍一些其他常见的聚类算法。

4.6.1 层次聚类

层次聚类是一种很直观的聚类算法，它对给定的数据集进行层次分解，直到某种条件满足为止。层次聚类有凝聚式（自底向上）和分裂式（自顶向下）两种方法。

凝聚式层次聚类先将每个对象作为一个簇，然后合并这些原子簇为越来越大的簇，直到所有的对象都在一个簇中；分裂式层次聚类首先将所有对象置于同一个簇中，然后逐渐细分为越来越小的簇，直到每个对象自成一簇。大多数的层次聚类算法都属于凝聚式层次聚类，分裂式层次聚类使用得较少。

凝聚式层次聚类的执行过程如下。

1）每个样本点作为一个簇，计算簇间的邻近度矩阵；

2）重复下面的第 3 步和第 4 步，直到第 5 步满足；

3）合并最接近的两个簇；

4）更新簇与簇间的邻近度矩阵；

5）直到仅剩下一个簇。

各种凝聚式层次聚类算法的主要区别在于簇间邻近度的定义，AL（Average-Linkage）层次聚类使用簇间的平均距离，SL（Single-Linkage）层次聚类使用簇间的最小距离，CL（Complete-Linkage）层次聚类使用簇间的最大距离。AL 层次聚类最为常用，一般情况下效果也最好，SL 层次聚类由于关注局部连接，可以得到一些形状比较奇怪的簇，CL 层次聚类一般情况下效果都不太好。

层次聚类的优点在于整个聚类过程一次完成，当指定簇的数量 k 时，可直接从聚类树中得到需要的聚类结果，改变簇的数量不需要重新聚类。层次聚类的主要缺点在于需要多次计算各个簇间所有点的距离，计算量过大，聚类速度过慢，另外由于层次聚类是贪心算法，不一定能够得到全局最优解。

4.6.2　基于图的聚类

将每个样本当成一个节点，将两个样本点之间的距离作为边的权重，从而可以把样本空间用图来表示，然后使用图的一些性质进行聚类。基于图的聚类的一般步骤是，先对图进行稀疏化，再对稀疏化的图使用图划分算法，将数据分成一个个聚簇，如图 4-9 所示。

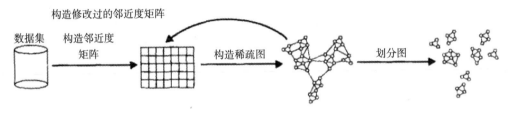

图 4-9　基于图的聚类步骤

常见的基于图的聚类方法有最小生成树聚类、SNN（Shared Nearest Neighbor）密度聚类、Chameleon 算法等。

基于图的聚类算法的优点在于对数据进行图的稀疏化表示后，需要处理的数据量大幅压缩，大大地减少了计算量。基于图的聚类算法种类较多，各种算法各有其优缺点。

4.6.3　混合聚类模型

混合聚类模型使用统计分布对数据进行建模，它认为数据是由多个概率分布构成的，每个分布就是一个聚簇，得到每个分布的参数就能够描述每个聚簇。若已知分布包含的样本点，就可以用极大似然估计对概率分布的参数进行求解，但聚类问题中，每个分布包含的样本点是未知的，这时常采用 EM 算法来求解。

EM 算法（Expectation Maximization）认为数据的概率分布依赖于无法观测的隐藏变量（在聚类中，隐藏变量即每个样本属于哪个分布）。EM 算法的训练过程为：给定一个预测的参数值，计算每个点属于每个分布的概率，然后根据这些概率，用极大似然估计对参数值进行更新，持续迭代直到参数不再变化。

混合聚类模型用数据拟合得到概率分布模型，所得到的模型能够更好地刻画所产生的簇，它可以发现不同大小和形状的簇，常用于图像和语音数据的聚类。它的主要缺点在于迭代速度非常慢，不适合在大规模数据集上使用，同时比较容易受噪声点的影响。

4.7 本章小结

本章主要介绍了几种常用的聚类模型算法以及基于 Spark 的具体实现案例，并给出了聚类模型效果的常用评估方法，最后在两个数据集上进行了聚类过程的示例介绍。

对于一些可以从 Spark 官网上获取的算法示例代码，我们没有进行展示，包括示例代码也没有在书中展示，需要的读者可以从本书目录（https://github.com/datadance）下载。

本章使用以下数据集：

❑ UCI 数据库中提供的鸢尾花卉数据；

❑ gowalla 提供的包含用户签到时间和地理位置信息数据。

在下一章中，我们将使用类似的方法研究 MLlib 的回归模型。

第 5 章 Chapter 5

构建回归模型

故恒无欲也，以观其妙；恒有欲也，以观其所徼（jiǎo）。

——《道德经》第一章

"道"具有一种对宇宙、人生独到的悟解和深刻的体察，源于老子对自然界的细致入微的观察和一种强烈的神秘主义直觉。

如果把"道"看成自然界连续不断的规律，那么，可以通过对"无"观察领悟"道"的奥妙，通过对"有"观察体会"道"的端倪，体现了朴素的回归思想。生活中也有很多现象可以通过回归模型得到连续的趋势，如从近期的温度变化中预测未来的气温变化趋势。

本章重点讲解常用回归模型的算法，首先介绍最常用的线性回归和回归树模型，接着介绍对回归模型的效果进行评估的方法，以及优化方法，然后基于 UCI 裙子销售数据训练回归模型，根据历史销售数据预测未来的销量，最后介绍回归模型的一些经典实用案例。

5.1 常用回归模型

回归问题是监督学习的一个重要问题，用于预测输入变量和输出变量之间的关系，回归模型表示输入变量到输出变量之间的映射函数，即选择一条函数曲线拟合训练数据且能够很好地预测未知数据。回归模型和分类模型都是根据输入变量预测输出变量，区别在于输出变量的类型，回归模型的输出变量是连续值，而分类模型的输出变量是离散的类别标签。如预测明天的气温是多少度，这是一个回归问题；预测明天是晴还是雨，就是一个分类问题。

常用的回归算法有线性回归模型和回归树模型，对于简单的回归问题，线性回归模型就能得到不错的效果，但是对于特征数量较多且需要特征组合的回归问题，线性回归的拟合效果较差，这时需要使用回归树模型。MLlib 库对这两种回归模型都提供了支持，下面简单介绍这两类回归模型的原理。

5.1.1　线性回归模型

线性回归模型是指输入变量和输出变量之间的关系是线型的，是回归中最简单和最常用的模型。

线性回归问题可以描述为给定 n 个训练样本：

$$X^{(1)} = (x_{11}, x_{21}, \cdots, x_{k1}), X^{(2)} = (x_{12}, x_{22}, \cdots, x_{k2}), \cdots, X^{(n)} = (x_{1n}, x_{2n}, \cdots, x_{kn})$$

以及与之对应的预测值：

$$y^{(1)}, y^{(2)}, \cdots, y^{(n)}$$

构建如下的回归方程，通过训练得到一组参数 θ，使得误差最小：

$$h(x) = \theta_0 + \theta_1 x_{1i} + \theta_2 x_{2i} + \cdots + \theta_k x_{ki} \quad i = 1, 2, \cdots, n$$

其中，k 为变量的数目，θ_j（$j = 1, 2, \cdots, k$）称为回归系数。

最常用的线性回归是最小二乘回归，它使用误差平方和（Sum of Squares Error，SSE）表示预测值和实际值之间的误差，即

$$J(\theta) = \frac{1}{2} \sum_{i=1}^{n} (h_\theta(x^{(i)}) - y^{(i)})^2$$

其中，$J(\theta)$ 表示损失函数，求解的方法有最小二乘法、梯度下降法等。

在前面的章节中，我们介绍了逻辑回归，需要注意的是逻辑回归是一种分类模型，它是用回归模型解决分类问题的一个典型例子，它将各类中正负例的交叉熵作为样本的回归值，通过求解回归模型，得到分类器。

使用 MLlib 训练最小二乘回归模型时需要调节的模型参数包括以下两项。

1）**迭代次数和迭代步长**：一般使用较小的迭代步长和较大的迭代次数可以收敛得到较好的解；

2）**正则化项**：最小二乘回归对异常点比较敏感，一般需要加入正则化项，常用的正则化项是 L1 正则和 L2 正则。

5.1.2　回归树模型

回归树模型通过构造一棵决策树来拟合样本的回归值，它根据特征将样本分到各个叶子节点，把叶子节点的平均值作为该节点的回归预测值。回归树模型可以看作将特征空间划分成多个单元，它的构建等价于对特征空间进行划分，使得各个空间的预测值和实际值之间的误差最小。

下面从空间划分的角度来描述回归树的构建过程。回归树模型的构建过程如下：

1）遍历所有特征，选择最优切分特征 J 和切分点 s；

2）使用切分特征 J 和切分点 s 划分区域并决定区域输出值；

3）对生成的两个子区域继续调用 1、2，直到满足停止条件；

4）将输入空间划分为 M 个区域，生成决策树。

回归树模型逐步选择特征对空间进行划分，递归地将每个区域划分为两个子区域并决定每个子区域的输出值。每次空间划分时的特征切分对特征进行了分段处理，多次的空间切分对不同的特征进行了交叉组合，因此回归树模型不仅能够较好地处理非线性特征，还可以表示特征之间的组合关系。

由于回归树是基于树模型的回归，因此针对树模型的优化算法（如 GBDT 和随机森林）都支持回归，在某些复杂的实际问题中，GBDT 和随机森林的效果相比基础回归树会有较大的提升。

调用 MLlib，使用回归树模型进行训练时影响模型效果的主要参数有以下两个。

1）**树深**：深度越大，越容易出现过拟合；

2）**最大划分数**：划分数越多，越容易过拟合。

5.1.3　其他回归模型

除了 Spark 自带的回归模型，还有一些其他的回归模型在实际中也有广泛的应用，这里简单介绍这些回归模型的原理。

（1）自回归

自回归模型（Autoregressive Model，AR）是一种处理时间序列的常见方法，广泛应用于经济学、信息学等方面，例如基于股票的历史价格预测未来价格，就是一个典型的自回归模型。自回归模型是用自身作为回归变量，即利用前期若干时刻的随机变量的组合来描述以后某时刻的随机变量的线性回归模型。自回归可以表示如下：

$$X_t = f(X_{t-1}, X_{t-2}, \cdots, X_0)$$

一般假设当前状态和历史状态之间是线性关系，这时自回归可以表示为：

$$X_t = a_0 X_0 + a_1 X_1 \cdots + a_{t-1} X_{t-1} + b$$

其中，b 是常数项，$a_0, \cdots, a_{t-1}$ 是模型参数。

（2）支持向量回归

支持向量回归（Support Vector Regresssion，SVR）是一种基于 SVM 的回归，它能较好地解决小样本、非线性、高维数和局部极小点等实际问题。

传统的回归算法在拟合训练样本时，要求均方误差最小，样本量较少时，容易受到数据噪声的影响，导致过拟合，SVR 采用"ε 不敏感函数"来解决这一问题，当目标值和预测值之差小于 ε 时，认为进一步拟合没有必要，其拟合误差的数学表示如下：

$$loss = \begin{cases} 0, & |f(x)-y| \leqslant \varepsilon \\ (f(x)-y)^2, > & |f(x)-y| > \varepsilon \end{cases}$$

和 SVM 一样，SVR 也使用核方法，通过将特征映射到高维空间，解决线性不可分问题。

（3）岭回归

岭回归（Ridge Regression，RR）模型是一种专用于共线性数据分析的有偏估计回归方法，实质上是一种改良的最小二乘回归，通过放弃最小二乘法的无偏性，以损失部分信息、降低精度为代价获得回归系数更为符合实际、更可靠的回归方法，在噪声较大的数据上，岭回归的表现要远远优于最小二乘回归。岭回归通过对系数大小施加惩罚解决了普通最小二乘法的一些问题，即在线性模型的损失函数基础上加入参数的 L2 范数的惩罚项。其目标函数变为如下形式：

$$\min_w \| Xw - y \|_2^2 + \alpha \| w \|_2^2$$

其中，α 是平衡损失和正则项之间的一个系数。α 数值越大，那么正则项越大，惩罚项的作用就越明显，反之惩罚项就越小。

（4）Lasso 回归

Lasso 回归模型是一种估计稀疏参数的线性模型，特别适用于参数数目缩减。基于这个原因，Lasso 回归模型在压缩感知（compressed sensing）中应用得十分广泛。从数学上来说，Lasso 是在线性模型上加上了一个 L1 正则项，其目标函数为：

$$\min_w \frac{1}{2n_{\text{sample}}} \| Xw - y \|_2^2 + \alpha \| w \|_1$$

Lasso 回归主要有坐标轴下降法（coordinate descent）和最小角回归法（least angle regression）两种解法。

岭回归与 Lasso 回归最大的区别在于岭回归引入的是 L2 范数惩罚项，Lasso 回归引入的是 L1 范数惩罚项，Lasso 回归能够使得损失函数中的许多 w 均变成 0，而岭回归是要求所有的 w 均存在，这样在计算量上 Lasso 回归将远远小于岭回归。

（5）弹性网络

弹性网络（elastic net）是一种使用 L1 和 L2 范数作为正则化的线性回归模型，可以看成岭回归和 Lasso 回归的组合。这种组合适用于只有很少的权重、非零的稀疏模型（比如 Lasso 回归），又能保持岭回归模型的正则化属性。我们使用 ρ 作为平衡 L1 和 L2 正则的系数，弹性网络的目标函数如下：

$$\min_w \frac{1}{2n_{\text{sample}}} \| Xw - y \|_2^2 + \alpha\rho \| w \|_1 + \frac{\alpha(1-\rho)}{2} \| w \|_2^2$$

当多个特征和另一个特征相关的时候弹性网络非常有用。Lasso 倾向于随机选择其中一个，而弹性网络更倾向于选择两者。在实践中，Lasso 和岭回归之间权衡的一个优势是能够在循环过程中继承岭回归的稳定性。

5.2 评估指标

分类模型关注分类的准确率，相比之下回归模型更关注模型预测值与实际值之间的误差，常用的误差衡量指标包括：均方误差、均方根误差、平均绝对误差、判定系数。

（1）均方误差

均方误差（Mean-Square Error，MSE）表示实际值和预测值的误差的平方平均值，计算公式如下：

$$\text{MSE} = \frac{1}{n} \sum_{i=1}^{n} (\hat{y}_i - y_i)^2$$

（2）均方根误差

均方根误差（Root-Mean-Square Error，RMSE）实际上就是 MSE 的平方根，它是最常用的回归评估指标，其计算公式如下：

$$\text{RMSE} = \sqrt{\frac{\sum_{i=1}^{n} (\hat{y}_i - y_i)^2}{n}}$$

一般情况下，评估回归模型时使用的都是 RMSE，在 5.4 节的示例中我们也使用 RMSE 评估模型的效果。

（3）平均绝对误差

平均绝对误差（Mean-Absolute Error，MAE）表示实际值和预测值的误差绝对值的平均值，计算公式如下：

$$\text{MAE} = \frac{1}{n} \sum_{i=1}^{n} |\hat{y}_i - y_i|$$

（4）判定系数

判定系数（Coefficient of Determination，R2）用于度量因变量的变异中可由自变量解释的部分所占的比例，计算公式如下：

$$R^2 = 1 - \frac{\sum_{i=1}^{n} (\hat{y} - y_i)^2}{\sum_{i=1}^{n} (y_i - \overline{y})^2}$$

其中，$\hat{y}$ 表示估计值，$\overline{y}$ 表示 y_i 的算术平均值。一般而言，复杂回归模型中，通过 $R2$ 可以很好地判断特征是否对模型具有很大的判别力。通常，$R2$ 越接近于 1，性能越好。

5.3 回归模型优化

在进行回归拟合时，有时直接使用样本进行拟合，无法得到满意的结果，这时需要对样本集的特征进行选择和变换，以得到更好的回归模型效果。

5.3.1 特征选择

回归模型一般是用误差平方和（Sum of Squares Error，SSE）作为优化目标，SSE越接近于0，说明模型选择和拟合越好，数据预测也越成功。加入新的特征，即使是与拟合目标无关的特征，也可能降低模型的SSE，这样一方面可能导致过拟合，另一方面，回归模型需要分析自变量和因变量之间的相互关系，过多的无用特征会影响模型的可解释性。因此在优化回归模型的效果时，需要对特征进行选择，剔除与拟合目标无关的特征。

特征选择最直接的方法是，根据一定的标准从特征集合中选取一个最优的特征子集，来拟合回归模型，这种方法被称为子集选择法。这种方法的核心在于最优子集的评估标准，我们希望所构建的回归模型用尽可能少的特征，拟合出尽可能低的SSE，因此针对最优子集的评估标准需要满足：SSE越小，最优子集的值越大；模型参数越少，最优子集的值越大。常用的评估标准有赤池信息量准则（Akaike Information Criterion，AIC）和贝叶斯信息准则（Bayesian Information Criterions，BIC）。

子集选择法需要遍历所有的子集，计算量巨大，在高维数据中，特征选择速度非常慢，同时特征选择的结果也不稳定，在实际中使用较少，我们一般通过加入正则化项来进行特征选择。加入正则化项能够对模型参数进行稀疏化，从而实现特征选择。

MLlib的线性回归模型可以使用setElasticNetParam和setRegParam方法设置正则化系数。

5.3.2 特征变换

除了特征选择，我们还可以对特征进行变换，使特征更适用于回归分析。特征变换的目的是使特征符合线性、正态性或等方差等；特征变换的原则是，变换后的特征比变换前的特征更适用于线性拟合。下面介绍几种常用的特征变换方法。

1. 线性变换

在线性回归中，假设回归结果和特征呈线性关系，但是实际中很多时候数据是非线性的，这时需要经过适当的变换把非线性数据变为线性数据，这种变换称为线性变换，如下是一个线性变换的例子。

原始数据的输入 X 和输出 Y 满足如下非线性关系：

$$Y = \alpha X^{\beta}$$

我们可以对 X 和 Y 进行变换，令 $Y' = \log Y$，$X' = \log X$，得到 X' 和 Y'，它们满足如下关系：

$$Y' = \log\alpha + \beta X'$$

可以看出变换后的 X' 和 Y' 是满足线性关系的。

2. 方差稳定变换

方差齐性（homoscedasticity），即回归模型的预测目标 Y 的误差方差为常数是使用误差平方和（SSE）作为回归模型优化目标的基础假设，然而大多情况下数据的误差方差不是常数，这时称数据表现出异方差性，此时需要对数据进行方差稳定变换。

显然正态分布是符合方差齐性的，常见的概率分布中异方差性的分布主要有泊松分布和二项分布，可以使用表 5-1 中的方法进行方差稳定变换。

表 5-1　方差稳定变换表

Y 的概率分布	Y 的方差	变　　换	变换后方差
泊松分布	μ	$\sqrt{Y}$ 或 $\sqrt{Y} + \sqrt{Y+1}$	0.25
二项分布	$\mu(1-\mu)/n$	$\arcsin\sqrt{Y}$	$821/n$

做方差稳定变换时只要知道 Y 的概率分布就可以，由于方差稳定变换使数据分布更符合回归模型的基本假设，一般会对回归的拟合效果有较大的提升。

3. 对数变换

对数变换是回归分析中应用最广泛的变换，对数变换不分析数据，直接对数据的对数进行回归拟合，对数变换的公式为：

$$Y' = \log(Y)$$

对数变换在标准差相对于均值较大时，尤其有效。此外，对数变换可以减少原始数据的波动程度，能够有效消除异方差性。

5.4　构建 UCI 裙子销售数据回归模型

为了更清楚地说明回归的训练过程，本节采用了 UCI 上提供的裙子销售数据，该数据集只有 500 多行，因此可在 Spark 本地模式下，快速运行实践。

实践步骤如下。

1）准备数据：数据预处理及进行 one-hot（独热）编码；

2）训练模型：切分训练数据和测试数据，使用线性回归进行训练；

3）评估性能：计算指标并进行评估；

4）模型优化：采用变换目标变量、L1 正则化、L2 正则化进行优化。

5.4.1　准备数据

我们提供的数据格式如下：

用户 ID[userId]~ 类型 [Style] 价格 [Price] 等级 [Rating] 尺寸 [Size] 季节 [Season] 领口 [NeckLine] 袖长 [SleeveLength] 腰围 [Waiseline] 材料 [Material] 织物类型 [FabricType] 装饰 [Decoration] 图案类型 [PatternType] 推荐 [Recommendation] 标签 [MeanSale]

数据样例如下：

```
1006032852~Sexy Low 4.6 M Summer o-neck sleevless empire null chiffon ruffles
animal 1 3303
1212192089~Casual Low 0 L Summer o-neck Petal natural microfiber null ruffles
animal 0 2272
1190380701~vintage High 0 L Automn o-neck full natural polyster null null print
0 9
966005983~Brief Average 4.6 L Spring o-neck full natural silk chiffon embroidary
print 1 1725
876339541~cute Low 4.5 M Summer o-neck butterfly natural chiffonfabric chiffon
bow dot 0 1916
1068332458~bohemian Low 0 M Summer v-neck sleevless empire null null null print
0 19
1220707172~Casual Average 0 XL Summer o-neck full null cotton null null solid 0
318
```

准备数据的详细代码参考 ch05/ETLStage. scala，用于实现数据预处理，输入原始数据，生成 libsvm 格式的训练数据，本地测试参数和值如表 5-2 所示。

下面根据具体代码详细介绍准备数据的具体步骤。

表 5-2　回归数据预处理的本地测试参数和值

本地测试参数	参数值
input	2rd_data/ch05/dresses_sales.txt
output	output/ch05
mode	local[2]

（1）数据清洗

在数据清洗阶段过滤掉不符合规范的数据，保证数据的完整性、唯一性、合法性、一致性，并按照 sale 类抽取数据，具体实现方法如下：

```
// 调用 ETL 方法
etl(spark, basePath + "dresses_sales.txt")
// 定义 ETL 方法
def etl(spark:SparkSession, salesPath:String):RDD[String] = {
  val sc = spark.sparkContext
  val sales = sc.textFile(salesPath)
    .map {
      x =>
// 通过 "~" 分割数据
        val Array(a, b) = x.split("~")
// 通过 " " 分割数据
        val c = b.split(" ", -1).map(_.toLowerCase)
        // 填充 sale 类
        Sale(a.toInt,c(0),c(1),c(2).toDouble,c(3),c(4), c(5), c(6), c(7), c(8),
c(9),c(10),c(11),c(12).toInt,c(13).toInt)
    }
```

```
// 处理缺失或错误的值
sales.map{
    sale =>
      val style = ("Style", sale.Style)
      val price = ("Price", sale.Price match {
        case "null" => "medium"
        case whoa => sale.Price
      })
      val rating = ("Rating", sale.Rating.toString)
      val size = ("Size", sale.Size match {
        case "small" => "s"
        case whoa => sale.Size
      })
      val season = ("Season", sale.Season match {
        case "automn" => "autumn"
        case "null" => "unknown"
        case "" => "unknown"
        case whoa => sale.Season
      })
    }
}
```

（2）one-hot 编码

在实际的机器学习的应用任务中，特征有时候并不总是连续值，有可能是一些分类值，如性别可分为"male"和"female"。在机器学习任务中，对于这样的特征，通常需要对其进行特征数字化。采用 one-hot 编码可以将 N 个类别特征转换为 N 个数值特征。

```
val label = sale.MeanSale
// 选取 style, price, rating, size, season 进行编码
val vector = Seq(style, price, rating, size, season).map {
    case (name, item) =>
        val m = ONE_HOT_ENCODER(KEY_INDEXS(name))
        m.size match {
          case 1 => (m("default"),item)
          case whoa => (m(item), 1)
        }
        }.sortBy(_._1)
        .map(x => x._1 + ":" + x._2).mkString(" ")

// 输出编码 label+ " " + vector
Math.log(label) + " " + vector
```

输出数据的示例如下：

```
8.10258642539079 10:1 16:1 18:4.6 21:1 27:1
7.7284157798410416 2:1 16:1 18:0.0 23:1 27:1
2.1972245773362196 3:1 13:1 18:0.0 23:1 24:1
7.45298232946546 1:1 17:1 18:4.6 23:1 25:1
7.557994958530806 6:1 16:1 18:4.5 21:1 27:1
```

```
2.9444389791664403 8:1 16:1 18:0.0 21:1 27:1
5.762051382780177 2:1 17:1 18:0.0 22:1 27:1
4.927253685157205 4:1 17:1 18:0.0 19:1 24:1
3.044522437723423 9:1 17:1 18:0.0 19:1 25:1
2.5649493574615367 8:1 16:1 18:0.0 19:1 27:1
4.418840607796598 11:1 17:1 18:5.0 19:1 27:1
4.812184355372417 9:1 17:1 18:0.0 19:1 25:1
7.6838639802564295 10:1 16:1 18:4.7 21:1 26:1
8.094073148069352 3:1 17:1 18:4.8 21:1 27:1
3.8501476017100584 2:1 16:1 18:5.0 21:1 27:1
4.605170185988092 2:1 16:1 18:0.0 19:1 26:1
```

5.4.2 训练模型

使用 MLlib 训练回归模型是比较容易的，首先随机切分训练数据和测试数据，并根据训练数据拟合模型，详细代码参考 ch05/Regressions.scala，本地测试参数和值如表 5-3 所示。

表 5-3 回归建模的本地测试参数和值

本地测试参数	参数值
whdir	spark-warehouse
mode	local[2]
input	2rd_data/ch05/dresses_libsvm.txt

下面根据具体代码详细介绍如何一步一步地通过训练数据得到最终的回归模型的结果。

```
// 随机切分训练数据和测试数据
val Array(trainingData, testData) = data.randomSplit(Array(0.7, 0.3))
// 设置最大迭代次数为 10, 正则化参数为 1.0, ElasticNet 的参数为 0.0（即 L2 正则）
val lr = new LinearRegression().setMaxIter(10).setRegParam(1.0).setElasticNetParam(0.0)
// 拟合模型
val lrModel = lr.fit(trainingData)
// 预测模型
val predictions = lrModel.transform(training)
// 选取预测值中的列
predictions.select（"prediction"，"label"，"features"）.show(500)
```

预测结果如下：

```
+------------------+------------------+--------------------+
|        prediction|             label|            features|
+------------------+------------------+--------------------+
| 5.043435477044125|  8.10258642539079|(28,[9,15,17,20,2...|
| 4.766628291809562|7.7284157798410416|(28,[1,15,22,26],...|
|  4.55016615432243|2.1972245773362196|(28,[2,12,22,23],...|
| 4.990568980445282|  7.45298232946546|(28,[0,16,17,22,2...|
| 5.008375320649386| 7.557994958530806|(28,[5,15,17,20,2...|
| 4.671131470007162|2.9444389791664403|(28,[7,15,20,26],...|
|  4.59435920095207| 5.762051382780177|(28,[1,16,21,26],...|
| 4.548470311586596| 4.927253685157205|(28,[3,16,18,23],...|
| 4.381746849606276| 3.044522437723423|(28,[8,16,18,24],...|
```

5.4.3　评估效果

使用均方根误差（RMSE）评估模型效果，结果如下：

```
val trainingSummary = lrModel.summary
println(s"RMSE:${trainingSummary.rootMeanSquaredError}")
```

输出：

```
RMSE:565.5760582323657
```

很明显，如此高的 RMSE 值反映了目前的回归效果很差，所以后面将针对模型和特征进行优化，降低 RMSE 值。

5.4.4　模型优化

大多数的机器学习模型都会假设输入数据和目标变量的分布，比如线性模型的假设为正态分布，由此就可以对目标值的销售量取对数实现正态分布。我们还可以调节 L1 正则化和 L2 正则化参数。

MLlib 目前支持两种正则化方法 L1 和 L2，L1 假设模型参数服从拉普拉斯分布，L1 正则化具备产生稀疏解的功能，从而具备特征选择的能力。L2 正则化假设模型参数服从高斯分布，L2 正则化函数比 L1 更光滑，所以更容易计算。因此在模型优化中采用变换目标变量、L1 正则化、L2 正则化。

1. 变换目标变量

线性模型的假设为输入的数据符合正态分布。但是实际情况会有出入，线性回归的这种假设很难成立。现在来看一下如图 5-1 所示的销售量的直方图，显然不符合正态分布。

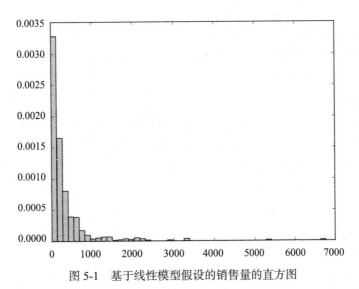

图 5-1　基于线性模型假设的销售量的直方图

尝试将销售量对数变换后，重新绘制分布直方图，如图 5-2 所示，可以看出比较接近正态分布。

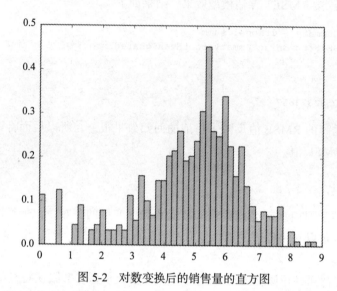

图 5-2　对数变换后的销售量的直方图

重新生成训练数据，模型训练后的输出如下：

```
RMSE: 1.34605533378995
```

经过优化，RMSE 下降到了近 1/500，效果提升显著。

2. L1 正则化

通过 setElasticNetParam=1.0 设置正则化项为 L1 正则化，并通过修改 setRegParam 参数，实验不同的正则化参数，不同的正则化参数对 RMSE 的影响如表 5-4 所示，可见 L1 正则化系数设置过大，回归效果会变差。

表 5-4　L1 正则化参数对 RMSE 的影响情况

正则化系数	RMSE
0.001	1.300 98
0.01	1.301 87
0.1	1.346 06
1.0	1.709 56
10	1.709 56

3. L2 正则化

通过 setElasticNetParam=0.0 设置正则化项为 L2 正则化，并通过修改 setRegParam 参数，实验不同的正则化参数，不同的 L2 正则化参数对 RMSE 的影响如表 5-5 所示。

表 5-5　L2 正则化参数对 RMSE 的影响情况

正则化系数	RMSE
0.001	1.300 97
0.01	1.300 98
0.1	1.302 39
1.0	1.359 40
10	1.597 35

5.5　其他回归模型案例

回归模型在金融、物理等领域有着广泛的应用，常见的应用场景有，根据近期交易量预测股票价格、根据近期房价变化预测未来房价走势、根据大气指标预测降水量等。为了让大家能够更好地理解回归模型的应用场景，下面列举几个经典的回归案例。

5.5.1　GDP 影响因素分析

一个城市的 GDP 是一个连续值，可以根据该城市的财政、人口、收入等特征建立回归模型，预估城市的 GDP。我们从国家统计局的官方网站获取全国 35 个主要城市当年的相关统计数据，把这些数据作为样本训练回归模型，从而预测这些城市来年的 GDP。可用于回归分析的特征如表 5-6 所示。

表 5-6　GDP 评估模型所选特征

人口特征	年底人口数
生产总值特征	国内生产总值
	工业总产值
交通特征	客运总量
	货运总量
财政特征	地方财政预算内收入
	固定资产投资总额
储蓄特征	城乡居民年底储蓄余额
就业特征	在岗职工数
	在岗职工工资总额

5.5.2　大气污染分析

McDonld and Schwing 组织在 1970 年进行了一项大气污染的分析，研究各个地区的人口死亡率和大气污染的关系，为了排除其他影响因素，还抽取了气候、家庭收入等特征，它用于拟合回归模型的特征如表 5-7 所示。

表 5-7　大气污染模型所选特征

空气污染特征	碳氢化合物的相对污染
	氮氧化合物的相对污染
	二氧化硫相对污染
	相对湿度
气候特征	年平均降水量
	一月份平均气温
	七月份平均气温
家庭特征	家庭平均收入
	低收入家庭百分比
	家庭健康住宅单元百分比
人口特征	每平方英里人口数
	非白种人口百分比
	白领职业百分比
	平均受教育年数
	65 岁以上人口比例

5.5.3　大数据比赛中的回归问题

回归问题也是 Kaggle、天池、CCF 大数据比赛的常见赛题，下面列举历届比赛中的经典回归赛题，有兴趣的读者可以到相关比赛主页获取数据进行练习。

1. 蚂蚁金服资金流入流出预测

蚂蚁金服拥有上亿会员并且业务场景中每天都涉及大量的资金流入和流出，面对如此庞大的用户群，资金管理压力非常大。在既保证资金流动性风险最小，又满足日常业务运转的情况下，精准地预测资金的流入流出情况变得尤为重要。

相关赛题提供 2013 年 7 月到 2014 年 8 月的申购赎回数据，要求参赛选手根据这些数据预测 2014 年 9 月每一天的申购赎回数据，还要求选手对每一天申购和赎回的总量数据预测得越准确越好，同时考虑可能存在的多种情况。

2. 城市自行车的出行行为分析及效率优化

城市共享单车体系逐步渗透到各个城市中，给公众出行的"最后一公里"带来极大便利。随着用户使用量的增长和频度的增加，优化运营效率是随之而来的重要课题，如果能够根据每个车辆停放站点的历史借出和归还数据，预估每个站点未来的流量，就能够有效地优化共享单车的出行效率。

赛题数据为 2015 年某城市的自行车数据，具体为 2015 年 5 月到 7 月的共享单车借出和归还数据，要求参赛选手训练模型预测 2015 年 8 月每个站点每天的车辆借出和归还数。

5.6 本章小结

本章主要介绍了 MLlib 中提供的回归模型，讨论了回归模型的算法原理，以及回归分析的模型优化方法、回归模型的评估指标，如均方误差、均方根误差、平均绝对误差等。还讨论了如何在给定的输入数据中训练模型并用之前介绍的方法处理特征以得到更好的模型效果，以及如何对模型参数进行优化。最后，讨论了其他的回归模型应用案例。

对于一些可以从 Spark 官网上获取的算法示例代码，没有进行展示，包括示例代码也没有展示，需要的读者可以从本书目录 https://github.com/datadance 下载。

本章使用的数据集是：UCI 上提供的裙子销售数据。

在下一章中，我们将使用类似的方法研究 MLlib 的关联规则模型。

第 6 章 *Chapter 6*

构建关联规则模型

故有无相生，难易相成，长短相形，高下相倾，音声相和，前後（hòu）相随。

——《道德经》第二章

所以有和无互相转化，难和易互相形成，长和短互相显现，高和下互相充实，音与声互相谐和，前和后互相接随。

世间万物"相生、相成、相形、相倾、相和、相随"而存在，即相互依存、相互联系、相互作用，体现了朴素的辩证法思想，同时也指明了事物之间存在的关联关系，人们通过关联关系能够发现隐藏在大数据集中的关联规则，进一步挖掘数据价值。

本章首先介绍关联规则的概念、支持度和置信度，并对常用关联规则算法 Apriori 和 FP-Growth 进行重点讲解，接下来讲解如何用关联规则进行模型效果评估，然后基于豆瓣评分数据训练关联规则模型、挖掘评分数据价值，最后介绍关联规则模型的一些应用场景。

6.1　关联规则概述

关联规则是从一个侧面揭示事务之间的某种联系，关联规则挖掘（association rule mining）用来发现隐藏在大型数据集中的有意义的联系。如通过调研超市顾客购买的东西，可以发现 30% 的顾客会同时购买床单和枕套，而在购买床单的顾客中有 80% 的人购买了枕套，这就存在一种隐含的关系：床单→枕套。也就是说，购买床单的顾客会有很大可能购买枕套，因此商场可以将床单和枕套放在同一个购物区，方便顾客购买。

关联规则不仅可以用于商品摆放、交叉销售等商业领域，还可以广泛应用于医疗诊断、气象预测、金融分析、网页挖掘和科学数据分析等领域。

在进行关联分析时，大型数据集中很多规则可能只是偶然发生的，不具有指导意义，我们希望得到强度尽可能高的规则，因此需要一个度量指标来确定什么样的规则才是强度比较高的规则，通常使用支持度和置信度来衡量规则的强度。

- **支持度**表示一条规则发生的可能性大小，如果一个规则的支持度很小，则表明它在事务集合中的覆盖范围很小，很有可能是偶然发生的。
- **置信度**表示一条规则的准确性，如果一条规则的置信度很低，则表明很难根据一个事务推出另一个事务。

支持度和置信度总是伴随着关联规则存在的，假设一个事务集合的总集为 N，事务 X 和事务 Y 分别为总集 N 的子集，支持度表示项集 $\{X,Y\}$ 在总项集里出现的概率为：

$$\text{Support}(X \to Y) = \frac{P(X \cup Y)}{P(N)}$$

置信度表示在先决条件 X 发生的情况下，由关联规则"$X \to Y$"推出 Y 的概率，即在含有 X 的项集中，含有 Y 的可能性：

$$\text{Confidence}(X \to Y) = \frac{P(X \cup Y)}{p(X)} = P(Y \mid X)$$

支持度表示规则出现的频繁程度，揭示了 X 与 Y 同时出现的概率，支持度低的规则只是偶然发生，没有意义；置信度表示 Y 在包含 X 的事务中出现的可能性，也就是通过规则进行推理的可靠性，置信度越高，推理越可信。

某销售手机的商场中，70% 的手机销售中包含充电器的销售，而在所有交易中 56% 的销售同时包含手机和充电器，则支持度为 56%，置信度为 70%。

6.2 常用关联规则算法

实践中，常用的关联规则挖掘算法包括 Apriori 和 FP-Growth。下面分别介绍这两种算法的基本原理及应用实践。

6.2.1 Apriori 算法

在大型数据集中，计算所有可能规则的支持度和置信度的成本过高，大多数关联规则挖掘算法都采用先挖掘频繁项集，再基于频繁项集提取规则的策略，Apriori 算法就使用这种策略。

Apriori 算法是一种挖掘关联规则的频繁项集算法。该算法的基本思想是：首先找出所有的频繁集，这些项集出现的频繁性至少和预定义的最小支持度一样。然后由频繁集产生强关联规则，这些规则必须满足最小支持度和最小置信度。然后使用第 1 步找到的频繁集产生期望的规则，产生只包含集合的项的所有规则，其中每一条规则的右部只有一项。一且这些规则被生成，那么只有那些大于用户给定的最小置信度的规则才被留下来。

该算法采用的是自底向上的方法，从 1- 频繁集开始，逐步找出高阶频繁集，基于频繁集使用剪枝技术得到关联规则，算法的执行过程如下：

1）遍历整个数据集，得到 1- 频繁集；

2）连接只有一个项的不同的 $k-1$ 频繁集得到 $k-$ 候选集；

3）对 $k-$ 候选集进行剪枝，删除不满足置信度要求的候选集，得到 $k-$ 频繁集；

4）遍历数据集，计算各个项集的支持度，删除不满足支持度的项集；

5）重复步骤 2 ~ 4，直到频繁集为空。

Apriori 算法执行过程中需要多次遍历原始数据集，并且会产生大量的候选集，计算复杂度和存储空间开销比较大。

使用 Apriori 算法进行关联规则挖掘的样例代码如下：

```
// 定义频繁集
val freqItemsets = sc.parallelize(Seq(
  new FreqItemset(Array("a"), 15L),
  new FreqItemset(Array("b"), 35L),
  new FreqItemset(Array("a", "b"), 12L)
))

// 设置最小置信度
val ar = new AssociationRules().setMinConfidence(0.8)
// 运行并返回关联结果
val results = ar.run(freqItemsets)
results.collect().foreach{rule =>
  println("[" + rule.antecedent.mkString(",") + "=>"
 + rule.consequent.mkString(",") + "]," + rule.confidence)
}
```

代码调用 MLlib 中 Apriori 算法的封装类，在生成这个算法对象时需要先通过对象的 setMinConfidence() 方法设置置信度的阈值，即最小置信度，只有大于这个置信度阈值的规则才会被认为是可以相信的规则，代码中置信度的标准值为 0.8。设置好算法对象相关参数后就可以根据训练数据集进行训练，训练的结果是一个个物品之间的关联关系和关联关系的置信度。

Apriori 算法应用广泛，可用于消费市场产品价格分析，猜测顾客的消费习惯；网络安全领域中的入侵检测技术；高校管理中根据挖掘规则可以有效地辅助学校管理部门有针对性地开展贫困助学工作；也可用在移动通信领域中，指导运营商的业务运营和辅助业务提供商的决策制定。

6.2.2　FP-Growth 算法

FP-Growth 算法不同于 Apriori 算法"产生 - 测试"的挖掘方法，先使用树形数据结构对数据集进行表示，再直接从该结构中提取频繁集，这种数据结构称为 FP 树（FP-Tree）。

FP-Growth 算法包括 FP 树构建和 FP 树挖掘两个步骤。

FP 树类似于前缀树，它把事务映射到树中的一条路径，相同前缀的路径可以共用，从而达到压缩数据的目的，重叠路径越多，FP 树的压缩效果越好。FP 树的构建算法如下：

1）扫描数据集，计算每个项的频繁度，丢弃非频繁项；

2）创建根节点；

3）依次读入数据集，对事务进行编码，映射到 FP 树的一条路径；

4）将有共同前缀的路径进行合并、增加频度计数；

5）重复 3、4，直到每个事务映射到 FP 树的一条路径。

FP 树构建完成后，由于每一个事务映射到 FP 树的一条路径，通过仅考察包含特定节点的路径，就可以发现以该节点结尾的所有频繁集。

在 FP-Growth 算法执行过程中只需扫描原始数据两次，效率很高，执行速度要比 Aprior 算法快几个数量级，但 FP 树存储在内存中，算法的内存开销较大。

使用 FP-Growth 算法构建关联规则的 Spark 代码如下：

```
// 最小支持度
val minSupport = 0.03
// 构建 FP-Growth 实例
val fpg = new FPGrowth().setMinSupport(minSupport).setNumPartitions(10)
// 运行并返回关联结果
val model = fpg.run(transactions)
model.freqItemsets.collect().foreach { itemset =>
    println(itemset.items.mkString("[", ",", "]") + ", " + itemset.freq)
}
//最小置信度
val minConfidence = 0.8
model.generateAssociationRules(minConfidence).collect().foreach { rule =>
  println(
    rule.antecedent.mkString("[", ",", "]") + " => " +
    rule.consequent .mkString("[", ",", "]")+", " +
    rule.confidence)
}
```

FP-Growth() 类是 MLlib 中的 FP-Growth 算法的实现，minSupport 和 minConfidence 分别设置算法的最小支持度与最小置信度，然后输入训练数据进行模型训练，最终得到训练后的模型。

6.3 效果评估和优化

6.3.1 效果评估

支持度和置信度是评价关联规则的基本标准，但置信度和支持度有时并不能表示规则的实际效果和过滤我们不感兴趣的规则，因此需要一些新的评价标准，评估规则 $A \rightarrow B$ 的效果时，通常使用的方法是考察 A 和 B 的相关性，下面介绍几种常用的评价标准。

（1）相关性系数

相关性系数 a 表示规则的两个变量 A、B 的相关性，如果 $a>1$ 表示正相关，$a<1$ 表示负相关，$a=1$ 表示不相关（独立）。实际运用中，正相关和负相关都是需要关注的。相关性系数的计算公式如下：

$$
\begin{aligned}
\text{lift}(A,B) \\
&= \frac{P(A\cap B)}{P(A)\times P(B)} \\
&= \frac{\text{confidence}(A\to B)}{\text{support}(B)} \\
&= \frac{\text{confidence}(B\to A)}{\text{support}(A)}
\end{aligned}
$$

式中，A 和 B 是两个变量的集合，$P(A,B)$ 是变量 A 和变量 B 同时出现的概率，$P(A)$ 和 $P(B)$ 分别是变量 A 出现的概率和变量 B 出现的概率，根据概率统计知识，当 A 和 B 不相关的时候，$P(A,B)=P(A)*P(B)$，相关系数 $a=1$。因此当 $a>1$ 时 A、B 一起出现的概率大于 A 和 B 不相关时一起出现的概率，因此 A、B 有正相关关系，反之有负相关关系。

（2）卡方系数

卡方分布是数理统计中的一个重要分布，卡方系数也可以用于确定两个变量是否相关。卡方系数的计算公式如下：

$$
\chi^2 = \sum_{i=0}^{n} \frac{(a_i - b_i)^2}{b_i}
$$

式中，a 和 b 分别是 A 和 B 对应的各项。在实践中通常会统计两个变量空间 A、B 的各项出现次数，通过这个公式计算 A 变量相对于 B 变量的相关性系数，能够反映 A 变量与 B 变量的相关度大小。

（3）cos 距离

cos 距离也可以用来衡量两个变量的相关性，cos 距离的计算公式如下：

$$
\cos in(A,B) = \frac{P(A\cap B)}{\sqrt{P(A)\times P(B)}}
$$

6.3.2　效果优化

关联规则模型的核心在于项集的挖掘，算法原理比较简单，参数调优也不复杂，可以在很多领域得到应用。但在实际场景中，很多数据无法直接用关联规则算法进行处理，原因在于 Apriori 和 FP-Growth 算法都是用于处理非对称二元属性（即一个项在事务中只能出现或者不出现，且默认出现比不出现更重要。如一次购买中，某商品要么出现，要么不出现，而且出现比不出现重要），而很多事务中的项不是非对称二元属性。这些无法直接用于关联规则挖掘的属性包括对称二元属性、分类属性和连续属性。

如表 6-1 所示的数据，网上购物属性就属于非对称二元属性，且认为购物比不购物更重要；性别就属于对称二元属性，不能认为男性比女性更重要；学历属于分类属性，它不止两个属性；年龄属于连续属性。

表 6-1　转换前的数据格式

性　别	年　龄	学　历	网上购物
男	23	本科	否
女	28	本科	是
男	35	硕士	否
女	30	高中	是

下面分别介绍这三类属性的处理方法。

（1）对称二元属性和分类属性

对称二元属性和分类属性的处理方法一致，都是把一个属性的多个值转化为一个新的项来实现。对上表中的数据，把性别转化为两个项：性别＝男，性别＝女；把学历转化为三个项：学历＝本科，学历＝硕士，学历＝高中。

（2）连续属性

连续属性的处理方法一般是离散化，将连续的属性划分为离散的几个区间，再把每一个区间作为一个新的项。对于上表的数据，可把年龄转化为三个项：

$$年龄 \in （20，25]，年龄 \in （25，30]，年龄 \in （30，35]$$

将三类属性转化为非二元对称属性后，就可以使用关联规则算法进行训练，表 6-1 中的数据处理后的表示如表 6-2 所示。

表 6-2　处理后的数据格式

男	女	20～25 岁	25～30 岁	30～35 岁	高　中	本　科	硕　士	网上购物
1	0	1	0	0	0	1	0	0
0	1	0	1	0	0	1	0	1
1	0	0	0	1	0	0	1	0
0	1	0	1	0	1	0	0	1

6.4　使用 FP-Growth 对豆瓣评分数据进行挖掘

为了形象地说明关联规则在实际挖掘过程中的实践，本节采用了免费下载的豆瓣电影评分数据。

整体步骤如下。

1）准备数据：对数据进行预处理，主要是对数据格式进行转换，将字符串数据转换为算法模型能够接受的数据格式。

2）训练模型：使用 FP-Growth 进行训练，调用 MLlib 库的 FP-Growth 算法，设置训练参数，在训练数据上进行训练。

3）观察规则：在一轮训练结束以后，输出并查看具体的关联规则，对算法的输出结果形成具体化的认知，定性地感受算法效果。

4）参数调优：训练时需要不断调整参数和处理训练数据，直到达到最优的效果，最终确定并选择最优的支持度与置信度。

5）使用算法：训练得到最优的算法模型之后就可以将其保存下来，并在电影的详情页中进行相关推荐。

6.4.1　准备数据

我们提供的用户对电影的评分数据如表 6-3 所示，具体格式如下。

数据样例如下：

```
2371,126,1.0
2477,126,3.0
2736,126,4.0
2833,126,2.0
2991,126,3.0
3144,126,2.0
3176,126,1.0
3219,126,3.0
3318,126,3.0
3350,126,4.0
3382,126,4.0
```

表 6-3　电影评分数据格式

字　　段	示　　例
用户标识 ID	10553116
电影标识 ID	41081170; 神秘博士
评分	5

需要将数据转换成 transactions 型数据，表示用户标识 ID 及用户看过的电影集合，transactions 的变量结构为 RDD[Array[String]]，其实就是一个 RDD。RDD 的每条数据记录是一个数组型，数组的每个元素都是 String 类型，ratingrdd.dat 的数据示例如下：

```
110207    107,141,155
136889    145,20,103
214482    103,99
```

转换成 transaction 型数据之后的结果示例如下：

```
Array(107,141,155)
Array(145,20,103)
Array(103,99)
```

6.4.2　训练模型

接下来，加载转换后的数据，调用 MLlib 中基于 Dataframe 的 FP-Growth 进行关联规则挖掘，获取相关电影推荐规则。

详细代码参考 ch06/MoviesFP.scala，本地测试参数和值如表 6-4 所示。

表 6-4 MoviesFP 的本地测试参数和值

本地测试参数	参数值	本地测试参数	参数值
whdir	spark-warehouse	output	output/ch06
input	2rd_data/ch06/ar/ratingsrdd.txt	mode	local[2]

下面根据具体代码详细介绍如何一步一步地通过训练数据得到最终的关联规则。

```
// 加载 input
// 电影评分输入路径的数据，数据格式按照 "\t" 进行分割，取出第二个字段的评分数据，并用 "," 进行分
割，最终得到电影的评分数组
val transactions = sc.textFile(input).map(_.split("\t")).map(_(1).split(","))
// 设置最小支持度为 0.03，最小置信度为 0.25，此处的参数仅供参数，可在训练中不停调整
val minSupport = 0.03
val minConfidence = 0.25
// 生成算法对象，并设置相关的参数，设置训练的并行分区为 10
val fpg = new FPGrowth().setMinSupport(minSupport).setNumPartitions(10)
// 调用 run() 方法，在训练数据上进行模型训练
val model = fpg.run(transactions)

// 将模型产出的结果进行打印
model.freqItemsets.collect().foreach { itemset =>
  println(itemset.items.mkString("[",",","]") + "," + itemset.freq)
}

// 对于模型生成的关联规则进行打印
model.generateAssociationRules(minConfidence).collect().foreach { rule =>
  println(
    rule.antecedent.mkString("[", ",", "]")
      + " => " + rule.consequent .mkString("[", ",", "]")
      + ", " + rule.confidence)
}
model.save(sc, output)
```

上述代码中将规则打印了出来，部分如下：

```
[66] => [76], 0.30102279217070765
[100,137] => [66], 0.5761653051417588
```

这里输出了满足最小置信度的规则，比如 [66] => [76],0.30102279217070765，表示编号 66 的电影可以关联编号 76 的电影，并且其关联的置信度为 0.30102279217070765，通过观察这些关联规则的结果输出，可以感性地体验算法模型的效果，并不断调整训练参数进行持续迭代。

以上是训练关联规则模型的代码过程，下面将具象化地对算法模型的输出进行分析，方便读者更具体地认识算法的输出结果，判断模型效果的好坏。

6.4.3　观察规则

为了更具象地体验规则，查看第一条输出对应的内容。ID66 对应的是《速度与激情》，从豆瓣网站搜索该电影，如图 6-1 所示，其标签为：

动作　美国　赛车　2015　犯罪　跑车　经典　冒险

而 ID67 对应的是《碟中谍 5：神秘国度》，从豆瓣网站搜索该电影，如图 6-2 所示，其标签为：

动作　美国　特工　碟中谍　2015　冒险　经典　剧情

图 6-1　电影《速度与激情》豆瓣图　　　图 6-2　电影《碟中谍 5：神秘国度》豆瓣图

从标签以及我们对两部电影的感官认识中，可以看出这两部电影在风格上相似度颇高。

6.4.4　参数调优

在每一轮训练结束之后都需要观察一下训练效果，最简单的是，按照上一步的方式感性观察每一个规则的效果，观察最小置信度的规则和最大置信度的规则，察看效果如何以及满足条件的规则数为多少，然后通过观察的效果来修改支持度和置信度，重新训练一批模型，并对比规则数的变化。

详细代码参考 ch06/MoviesFPBatch.scala，本地测试参数和值如表 6-5 所示。

下面根据具体代码，详细介绍批量赋值支持度和置信度训练模型的关联规则结果。

表 6-5　MoviesFPBatch 的本地测试参数和值

本地测试参数	参数值
whdir	spark-warehouse
model	Local[2]
input	2rd_data/ch06/ar/ratingsrdd.txt

```
// 支持度序列
val minSupports = Seq(0.005, 0.01, 0.015, 0.02, 0.025, 0.03, 0.035, 0.04, 0.045, 0.05)
```

```
// 置信度序列
val minConfidences = Seq(0.05, 0.1, 0.15, 0.2, 0.25, 0.3, 0.35, 0.4)
val cnts = minSupports.flatMap {
  case minSupport =>
    val fpg = new FPGrowth().setMinSupport(minSupport).setNumPartitions(4)
    // 在训练数据上进行模型训练
    val model = fpg.run(transactions)
    minConfidences.map{
      case minConfidence =>
        // 生成模型关联规则
        val rulesCnt = model.generateAssociationRules(minConfidence).count()
        (minSupport, minConfidence, rulesCnt)
    }
}.map {
  case (minSupport, minConfidence, rulesCnt) =>
      s"$minSupport\t$minConfidence\t$rulesCnt"
}
```

为了更直观地做对比，可绘制图来观看，如图 6-3 所示，可以看到最小置信度大于 0.2 时，满足条件的规则数迅速下降，支持度越大，满足条件的规则数越小。这里根据不同业务选取的最优参数也是不同的，在相关电影领域，可以选 0.3 置信度和 0.03 支持度作为较好的参数，这个参数下满足条件的规则数大概为 50 个，满足我们的业务需求。

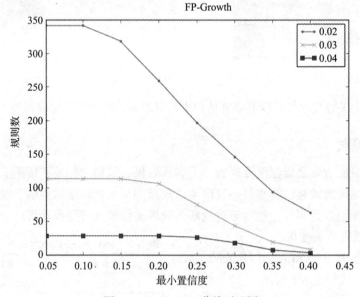

图 6-3　FP-Growth 曲线对比图

6.4.5　使用算法

经过前面的算法训练，我们得到了很多推荐规则，举一个例子如下：

```
[66] => [76], 0.30102279217070765
[66] => [81], 0.2722600072685738
[66] => [84], 0.255646124292612
[66] => [67], 0.2781787030787602
```

可以看到与编号 66 关联的电影有 76、81、84、67，可以认为这 4 部电影都与编号为
66 的电影相关联，因此在编号为 66 的电影主页的相关电影或者相似电影栏目中，可以列出
76、81、84、67 这四部电影，一些业务场景下可能需要对所展示的电影做版权过滤或者其
他的一些业务领域的经验规则清洗，最后将相关电影的列表展示在该部电影详情页中的某
个位置，图 6-4 所示是电影《驴得水》的详情页，在"喜欢这部电影的人也喜欢"栏目中就
可以放上关联规则产出的结果。

图 6-4 推荐的电影列表详情

使用算法进行电影推荐应用的详细代码可以参考 ch06/ExploreModel.scala，本地测试参
数和值如表 6-6 所示。

表 6-6 ExploreModel 的本地测试参数和值

本地测试参数	参数值	本地测试参数	参数值
whdir	spark-warehouse	modelPath	2rd-data/ch06/moclel
mode	Local[2]	moviePath	2rd_data/ch06/movies.txt

更多应用结果，自己根据代码去体会吧。

6.5 其他应用场景

由于关联规则模型的原理有较强的可解释性，在非计算机相关领域，关联规则常用于定性分析。在金融、营销、管理等领域，我们经常用所挖掘的关联规则指导方案和政策的制定，为了更好地理解关联规则在其他领域的使用场景和使用方法，下面列举关联规则在各个领域的使用案例。

1. 银行营销方案推荐

在所有的营销领域，基本都可以使用关联规则来进行分析。银行有多种信用卡、理财产品和储蓄产品，可以挖掘这些产品的关联购买情况，然后根据用户的产品购买情况，给用户推荐可能感兴趣的产品，从而提升银行的营销成功率，如图 6-5 所示。

图 6-5 银行营销推荐示例

在银行的数据库中，存储了每个用户购买的理财产品、信用卡产品和储蓄产品的信息，只要将每个用户购买的产品进行合并，就可以轻松得到原始的训练数据，我们可以像处理豆瓣电影数据一样，使用关联规则进行挖掘。

使用关联规则对原始数据进行挖掘后，可能发现如下的规则：

{ 办理储蓄卡 A 且购买理财产品 B}->{ 办理信用卡 C}

其置信度为 80%，支持度为 45%。由此，在信用卡 C 的销售业务中，我们就可以优先对办理过储蓄卡 A 且购买过理财产品 B 的用户进行推广。

此外，挖掘出的关联规则还有很多其他的应用场景，例如可以在用户做 ATM 机查询、登录银行网站时给用户推荐产品，也可以在给用户邮寄信用卡账单时附带用户可能感兴趣的产品宣传文件，还可以帮助销售人员进行产品的交叉销售，提升推销的成功率。

2. 交通事故成因分析

随着时代发展，便捷交通对社会产生巨大贡献的同时，各类交通事故也严重地影响了人们生命财产安全。在我们直观的印象里，交通事故的发生和车辆、驾驶习惯、天气等因素相关，只要能够获得事故关于这些维度的数据，就可以分析交通事故的发生和各个因素的关联程度。

2016 年 1 月，贵阳市公安交通管理局携手大数据科学与创意竞赛平台 DataCastle 举办了"贵阳交通事故成因分析大赛"，用以分析交通事故的潜在诱因，这是一个关联规则的典型分析场景，贵阳市交通管理局开放了交通事故数据及多维度参考数据，包括事故类型、事故人员、事故车辆、事故天气、驾照信息、驾驶人员犯罪记录数据等，感兴趣的读者可以到 DataCastle 官网获取数据。

3. 淘宝穿衣搭配

在淘宝网中，服饰分类占据该平台的绝大部分市场份额，围绕着淘宝诞生了一大批优秀的服饰导购类的产品。穿衣搭配是服饰导购中非常重要的课题，用户通过淘宝的推荐系统直接查看一个适合自己的搭配，这是一件既省时间又省力气的体验，如图 6-6 所示。

图 6-6　穿衣搭配推荐

关于穿衣搭配很多人都积累了大量的人工规则，例如民间说法：红配蓝，讨人嫌。这说明颜色在搭配中有很重要的作用。再比如穿西服就不适合搭配运动鞋，穿皮草大衣就不好再穿棉布长裙，这说明搭配讲究风格的统一。不过考虑到女装风格之多：有学院、欧美、日韩、甜美、民族等，此外还有服饰的设计元素，如流苏、印花、蕾丝，波点、条纹、渐变，格纹、几何、撞色，欧根纱、荷叶边、泡泡袖，以及各种服饰适用的少、淑、熟等年龄段，完全依赖人工是无法一一概括搭配规则的。

在阿里天池大数据比赛的淘宝穿衣搭配算法竞赛中，为参赛者提供搭配专家和"达人"生成的搭配组合数据、百万级别的淘宝商品的文本和图像数据，参赛者可以使用关联规则从训练样本中挖掘穿衣搭配的模型，得到专家级别的穿衣搭配方案。

6.6 本章小结

本章主要介绍了基于 Spark 的关联规则模型算法，并通过具体案例，进行了关联规则模型的实现。主要介绍了关联规则的概念，讨论了 MLlib 中提供的常用关联规则模型算法的原理，以及算法的合理使用场景和常用效果评估方法，如相关性系数、卡方系数、cos 距离等。还讨论了如何在给定的输入数据中训练模型、处理特征以得到更好的性能，以及如何对模型参数进行调优。最后，我们讨论了关联规则的其他应用场景。

对于一些可以从 Spark 官网上获取的算法示例代码，本书没有进行展示，包括示例代码也没有展示，需要的读者可以从本书目录 https://github.com/datadance 下载。

本章使用的数据集是：免费下载的豆瓣电影评分数据。

在下一章中，我们将使用类似的方法研究 MLlib 的协同过滤模型。

第 7 章 *Chapter 7*

协 同 过 滤

故从事于道者同于道；德者同于德；失者同于失。

——《道德经》第二十三章

按"道"办事的人就同于道；按"德"办事的人就同于德；失道、失德的人就始终迷失。

人倘若追求什么，就很大概率上会在哪一方面有所成就，此理适用于"道"和"德"，亦适用于其他追求，有所成就的人大多有相似追求，基于相似追求来找到相似的人，这就是朴素的协同过滤思想。生活中不难发现这样的例子，比如通过相似爱好的人找到喜欢看的电影，购买喜欢的图书。

本章重点阐述基于协同过滤的模型算法，如何对协同过滤模型的效果进行评估，以及基于豆瓣电影评分数据进行的协同过滤实践，最后对矩阵分解算法的结果进行完善。

7.1　协同过滤概述

随着互联网上的内容逐渐增多，人们每天接收到的信息早已远远超出人类的信息处理能力，信息过载日益严重，信息过滤系统也就应运而生。

协同过滤（Collaborative Filtering，CF）是处理信息过滤的两种经典方法之一（另一方法是搜索引擎）。基于关键词过滤掉用户不想看的内容，只给用户展示感兴趣的内容，大大地减少了用户筛选信息的成本。与传统的信息过滤不同，协同过滤基于用户过去的历史行为，分析用户的兴趣，在用户群中找到和指定用户拥有相似兴趣的用户，综合这些相似用户对某一信息的评价，形成系统关于该指定用户对该信息的喜好程度预测，再根据这个预测决定是否给用户展示内容。

与传统文本过滤相比，协同过滤有下列优点：

1）能够过滤难以基于内容自动分析的信息，如音乐等；

2）能够基于一些复杂的、难以表达的概念（信息质量、品位）进行过滤；

3）具有推荐新信息的能力，可以发现用户潜在的但自己尚未发现的兴趣偏好；

4）推荐个性化、自动化程度高，能够有效地利用其他相似用户的回馈信息。

亚马逊的图书推荐是使用协同过滤算法的一个经典案例。在亚马逊网络书店，顾客在选择一本自己感兴趣的书籍时，同时会看到"购买此商品的顾客也同时购买"的列表项，如图 7-1 所示。亚马逊是在"对同样一本书感兴趣的读者的兴趣在某种程度上相近"的假设前提下提供这样的推荐列表项，此举不仅将亚马逊图书销量提升了 20% 以上，也成为亚马逊为人所津津乐道的一项服务。

图 7-1　亚马逊图书推荐

关联规则算法也可以用于找到"相关的"物品（Item），也可以用于推荐。但关联规则只关注物品之间的相关关系，并没有考虑不同用户的兴趣差别，而协同过滤算法则充分考虑个性化的场景。

为了更好地理解这两种算法的差别，表 7-1 对这两种算法进行比较。

表 7-1　协同过滤和关联规则算法的差别

比　　较	协同过滤	关联规则
算法原理	根据相似的用户 / 物品进行推荐	挖掘物品之间的潜在关联
是否个性化	个性化，用户兴趣相关	非个性化，用户兴趣无关
使用场景	适用于物品多的场景，如音乐、电影、图书推荐	适用于物品较少的场景，如超市购物、汽车导购
推荐倾向	热门	长尾

7.2　常用的协同过滤算法

常用的协同过滤算法有基于用户（User-based）的协同过滤算法和基于物品（Item-based）的协同过滤算法。基于用户的协同过滤算法旨在寻找与当前用户相似的用户，然后将相似用户喜爱的物品推荐给用户；基于物品的协同过滤算法则计算物品相似度，然后将与用户喜爱的物品相似的物品推荐给用户。

两种算法其实都是基于相似度来预测和推荐，只是相似度计算的角度不一样，前者是从用户的历史偏好推断用户之间的相似程度，而后者是基于物品本身的属性计算物品之间的相似程度。常用的相似度计算方法有欧氏距离、皮尔逊相关系数、cos 距离等。

那么我们能不能直接计算用户兴趣和物品之间的相似度呢？隐语义模型（Latent Factor Model，LFM）为我们提供了一种新的思路，它将 User 和 Item 投影到同一个隐因子空间（latent factor space），用隐含特征联系用户兴趣和物品，计算用户和物品的相似度。其中 SVD 矩阵分解是常用的隐语义模型。

7.2.1 基于用户的协同过滤

基于用户的协同过滤（User-based CF）是最古老的推荐算法，该算法在 1992 年被提出，1994 年由 GroupLens 用于新闻推荐。该算法的诞生标志着推荐系统的诞生。

基于用户的协同过滤算法的思想非常简单，当我们想看电影却不知道有什么电影可看的时候，大部分的人都会去问周围和自己口味比较类似的朋友。人们一般更倾向于从兴趣相似的人那里得到推荐，这就是基于用户的协同过滤的核心思想。

基于用户的协同过滤算法主要分为两个步骤：

1）找到和目标用户兴趣相似的用户集合；

2）找到这个集合中用户喜欢且目标用户未涉及的物品推荐给目标用户。

图 7-2 给出了一个基于用户的协同过滤的例子，对于用户 A，根据用户的历史偏好，找到和他最相似的用户 C，然后将用户 C 喜欢且用户 A 没有过的物品 D 推荐给用户 A。

用户 / 物品	物品 A	物品 B	物品 C	物品 D
用户 A	√		√	推荐
用户 B		√		
用户 C	√		√	√

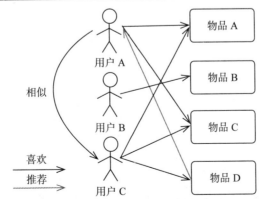

图 7-2 基于用户的协同过滤物品推荐

基于用户的协同过滤算法的核心参数是所选择的用户集合的大小 K。K 越小，参考的用户越少，这会导致推荐的准确率和召回率都比较低；K 过大，参考的用户数过多，会使推荐的结果越来越偏向于全局热门的物品，推荐结果对物品集合的覆盖率也会越低。

7.2.2 基于物品的协同过滤

基于物品的协同过滤（Item-based CF）是目前业界使用最多的推荐算法，它最早在 2001 年左右由亚马逊提出并在购物推荐中得到应用。目前亚马逊、Netflix、京东和淘宝的推荐算法都是以基于物品的协同过滤为基础，原因在于购物和视频网站的用户数量往往远大于物品的数量，且物品的数据相对稳定，因此计算物品的相似度不但计算量较小，而且不必频繁更新。

基于物品的协同过滤的原理和基于用户的协同过滤类似，只是在计算相似度时，不是从用户出发，而是直接计算物品之间的相似度。

基于物品的协同过滤算法也分为两个步骤：

1）计算物品之间的相似度；

2）将和用户喜欢的物品最相似且用户没有涉及的物品推荐给用户。

图 7-3 给出了一个基于物品的协同过滤的例子，对于物品 A，根据所有用户的历史偏好，喜欢物品 A 和喜欢物品 C 的用户重叠最多，据此认为物品 A 和物品 C 的相似度较高，用户 C 喜欢物品 A，可以推断出用户 C 可能也喜欢物品 C。

用户 / 物品	物品 A	物品 B	物品 C
用户 A	√		√
用户 B	√	√	√
用户 C	√		推荐

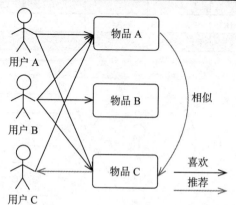

图 7-3　基于物品的协同过滤物品推荐

基于物品的协同过滤算法的核心参数是相似物品集合的大小 K，合适的 K 值对获得最高精度非常重要，推荐的精度和 K 值不是正相关或者负相关，实际应用中需要多尝试几组 K 值寻找最优解。

7.2.3 矩阵分解技术

在最近几年的推荐大赛（如 Neflix 百万大奖赛、KDD CUP 音乐推荐比赛）中，获奖的队伍都使用了矩阵分解算法。矩阵分解，它既有监督学习，也有无监督学习。

如图 7-4 所示，矩阵分解的目标就是把"用户－项目"评分矩阵 R 分解成用户因子 U 矩阵和项目因子 V 矩阵，即 $R=UV$，这里 R 是 $m \times n$，U 是 $m \times k$，V 是 $k \times n$。显而易见，矩阵分解技术能将高维的"用户－项目"评分矩阵分解成为两个低维的用户因子矩阵和项目因子矩阵，从而达到数据降维的效果，降低计算复杂度。

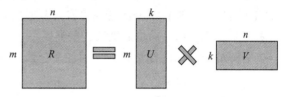

图 7-4 矩阵分解

此外，由于实际应用中单个用户只会对全体物品集中极小的物品子集进行评分，所以观察到的用户－项目矩阵中有大量的缺失项，传统的矩阵分解方法 SVD（奇异值分解）不能有效处理这类问题，因而推荐系统采用的矩阵分解技术为交叉最小二乘法（Alternative Least Squares，ALS）。由于矩阵分解的目标是找到两个矩阵 U（$m \times k$）和 V（$k \times n$）来近似逼近原矩阵 R（$m \times n$），即

$$R_{m \times n} \approx U_{m \times k} V_{n \times k}^{\mathrm{T}}$$

首先将这个目标转化为矩阵 R 和 UV 的平方误差最小，也就是如下的目标函数：

$$\min \sum_{i,j} (r_{ij} - u_i^T v_j)^2$$

其中，u_i 表示用户 i 的兴趣隐含特征向量，v_j 表示商品 j 的隐含特征向量，r_{ij} 表示用户 i 对物品 j 的评分。

由于原矩阵 R 非常稀疏，为了防止训练时发生过拟合，一般在损失函数中还会加入正则化项，此时优化目标表示如下，其中 λ 是正则化项的系数：

$$\min(\sum_{i,j} (r_{ij} - u_i^T v_j)^2 + \lambda(|u_i|^2 + |v_j|^2))$$

在进行上述转化后，协同过滤被转化成了一个函数优化问题。由于变量 u_i 和 v_j 耦合到一起，所以这个问题并不好求解。我们可以先固定 Y 求解 X，然后再固定 X 求解 Y，如此交替往复直至收敛，具体求解方法的说明如下。

先固定 V，将损失函数 $L(U,V)$ 对 u_i 求偏导，并令导数等于 0，得到：

$$u_i = (V^{\mathrm{T}}V + \lambda I)^{-1} V^{\mathrm{T}} r_i$$

同理，固定 V，可得：

$$v_j = (U^{\mathrm{T}}U + \lambda I)^{-1}U^{\mathrm{T}}r_j$$

其中，$r_i(1 \times n)$ 是 R 的第 i 行，$r_j(1 \times m)$ 是 R 的第 j 列，I 是 $k \times k$ 的单位矩阵。

迭代时首先随机初始化 V，更新得到 U，再更新 V，直到达到收敛条件。

使用 ALS 算法在将用户－项目矩阵 R 分解为用户因子矩阵 U 和项目因子矩阵 V 后，就可以利用分解后的两个隐变量矩阵进行推荐了。如果是基于物品的协同过滤推荐，那么就用 V 矩阵代替 R 矩阵；如果是基于用户的协同过滤推荐，就用 U 矩阵代替 R 矩阵；也可以通过两个隐含变量矩阵直接相乘计算用户对物品的兴趣。矩阵分解不光简化了数据，还相当于对原数据进行了一次特征提取，并根据此特征对原始数据进行了一次聚类。聚类的个数就是简化后物品向量的维数，聚类后每一个特征相当于某种概念或者主题。除此之外，因为矩阵分解后的隐变量矩阵中的各个分量不具有实际的物理含义，所以在某些应用场景中也能达到数据脱敏的效果。

矩阵分解算法目前在推荐系统中的应用非常广泛，对于使用 RMSE 作为评价指标的系统效果尤为明显（因此在推荐比赛中矩阵分解总能取得最好的效果），因为矩阵分解的目标就是使 RMSE 取值最小。

7.2.4　推荐算法的选择

在实际的场景中，在进行推荐之前，需要先对用户数据进行收集。这里的数据主要指的是用户的历史行为数据，如用户的浏览、点击、购买、播放、收藏等。数据的量级、密度和精度都可能会直接影响推荐算法的选择。矩阵分解算法的效果和用于计算的样本量密切相关，用户－项目矩阵很小或者极端稀疏时，矩阵分解很难取得可用的效果，建议在样本量积累达到一定规模以后再尝试使用矩阵分解算法。

推荐算法的选择还和具体的应用场景有很大的关系，门户网站的新闻推荐一般使用基于用户的协同过滤，而购物网站的物品推荐则会选择使用基于物品的协同过滤。如此选择的原因是，在新闻推荐中，物品（也就是新闻）的数量可能大于用户的数量，而且新闻的更新频率很快，新闻之间的相似度容易过期，相比而言，对用户的刻画更加稳定；而在购物推荐中物品的数量远远小于用户的数量，且物品的更新较慢，物品之间的数量和相似度相对稳定，同时基于物品的推荐的实时性会比基于用户的更好一些。

此外在购物网站中，给某个用户推荐一本书，对此的解释是，和你有相似兴趣的人也看了这本书，这很难让用户信服；但如果解释是，这本书和你以前看的某本书相似，用户可能会觉得更加合理。而在社交场景中，基于用户的协同过滤中加入了社交信息，可以增加用户对推荐解释的信服程度，因此是一个更好的选择。

在矩阵分解可用的场景下，矩阵分解的效果一般都要好于基于用户的协同过滤和基于物品的协同过滤，但是矩阵分解的缺点是基于隐变量进行推荐，模型的可解释性差，不能很好地为推荐结果做出解释，因此在对推荐理由有较高要求的场景下，不建议使用矩阵分解。

7.3　评估标准

协同过滤算法的评估指标的本质是刻画用户对于推荐结果的满意度，用户满意度主要通过统计用户行为和推荐结果得到，常用的评价指标有准确率、覆盖率和多样性等，其中准确率是最重要的指标。

7.3.1　准确率

推荐的准确率是协同过滤算法最核心的评估指标，几乎所有的协同过滤算法的评估中都用到了这一指标。不同的场景使用的准确率计算方法不尽相同，对于预测用户对物品的感兴趣程度或用户对物品评分的推荐场景，使用评分的误差来评估算法效果，常用的计算方法是 RMSE，计算公式如下：

$$\mathrm{RMSE} = \sqrt{\frac{\sum (r_{ui} - \hat{r}_{ui})^2}{|T|}}$$

其中，r_{ui} 是用户 u 对物品 i 的实际评分，$\hat{r}_{ui}$ 是用户 u 对物品 i 的预测评分，$|T|$ 表示物品的集合大小。

在常见的应用场景中，推荐系统展示给用户的是一个个性化的推荐列表，我们只需要关注推荐给用户的前 N 个物品，这时准确率的评估指标是前 N 个推荐结果的准确率和召回率，计算公式如下：

$$准确率 = \frac{\sum |R(u) \cap T(u)|}{\sum |R(u)|}$$

$$召回率 = \frac{\sum |R(u) \cap T(u)|}{\sum |T(u)|}$$

其中，$R(u)$ 是根据用户在训练集上的行为给用户做出的推荐列表，而 $T(u)$ 是用户有行为的物品列表。

7.3.2　覆盖率

覆盖率（coverage）描述了对物品长尾的发掘能力。覆盖率最简单的定义为，推荐系统能够推荐出来的物品占总物品集合的比例。假设推荐系统给每个用户推荐一个长度为 N 的物品列表 $R(u)$，物品全集是 I，那么覆盖率计算如下：

$$覆盖率 = \frac{\sum R(u)}{|I|}$$

热门排行榜的推荐覆盖率是很低的，它只会推荐热门的物品，这些物品在总物品中占的比例很小。一个好的推荐系统不仅满足用户的需求，也会考虑供应商的需求。每个供应商都希望能有机会展示自己的产品给潜在的用户。双赢的推荐系统不仅需要有比较高的用户满意度，也要有较高的覆盖率。

7.3.3 多样性

为了满足用户广泛的兴趣，推荐列表需要能够覆盖用户不同的兴趣领域，即推荐结果需要具有多样性。推荐列表覆盖的用户兴趣点越多，用户找到感兴趣物品的概率就越大。通常我们用用户列表中物品的不相似性来表示多样性，我们先计算推荐列表中物品两两之间的相似度，再除以物品两两比较的次数，得到推荐列表的平均相似度，用 1 减去平均相似度就是推荐列表的不相似度，用户的推荐列表 $R(u)$ 的多样性定义如下：

$$Diversity= 1 - \frac{\sum s(i, j)}{\frac{1}{2}|R(u)|(|R(u)|-1)}$$

其中 $s(i, j) \in [0,1]$ 表示物品 i 和 j 之间的相似度。

需要注意的是，提升多样性的同时会降低推荐的准确率，如何在准确率和多样性之间进行权衡要根据推荐场景而定。

7.3.4 其他指标

除了准确率、覆盖率和多样性三个核心的算法指标以外，还有新颖性、惊喜度、信任度等一些指标也常用于协同过滤的效果评估。

新颖性：新颖的推荐是给用户推荐他们以前没有听说过的物品。判断新颖性最简单的方法是观察推荐结果的平均流行度，因为越不热门的物品越可能让用户觉得新颖。因此，如果推荐结果中物品的平均热门程度较低，那么推荐结果的新颖性就可能比较高。

惊喜度：如果推荐结果和用户的历史兴趣不相似，但却让用户觉得满意，那么就可以说推荐结果的惊喜度很高。惊喜度有别于新颖性，因为推荐的新颖性仅仅取决于用户是否听说过和见过这个推荐结果。

信任度：同样的推荐结果，以用户信任的方式推荐给他们就更能让他们产生购买欲。增加推荐系统的透明度可以增加用户对推荐结果的信任，其中最简单的方法就是提供推荐解释，让用户了解推荐系统的运行机制，在这一点上，基于用户的协同过滤和基于物品的协同过滤都能提供很好的推荐解释，而矩阵分解的推荐结果的可解释性就比较差。

7.4 使用电影评分数据进行协同过滤实践

在第 6 章关联规则中，我们使用了豆瓣电影评分数据进行关联挖掘。为了体现矩阵分解技术 ALS 强大的计算能力，我们使用自己从豆瓣上爬取的千万级电影评分数据，为了尊重用户的隐私，对用户标识进行了脱敏处理。

实践步骤如下。

1）准备数据：对数据进行预处理，并分析用户评分分布和用户评价的电影数量分布；

2）训练模型：使用矩阵分解技术进行训练；

3）测试模型：计算 RMSE；

4）使用 ALS 结果：直接使用推荐结果或使用隐变量。

7.4.1 准备数据

本书使用的是用户对电影的评分数据，如表 7-2 所示。

数据样例如下：

```
1108242,10756728,3
77060,1306213,4
1006333,1304485,2
930862,1292664,3
879696,1298252,3
488794,1300529,4
893084,11589036,5
852532,1301886,3
207114,1301459,0
```

表 7-2　电影评分数据格式

字　　段	示　　例
用户标识 ID	1108242
电影标识 ID	10756728《石器时代之百万大侦探》
评分	3

为了更好地了解数据，我们对所使用的豆瓣数据做了一个简单的统计，分析用户评分分布，以及用户评价的电影数量分布。

（1）评分分布

图 7-5 是统计数据中用户评分分布情况的直方图，其中 4 分和 5 分居多，3 分最少。

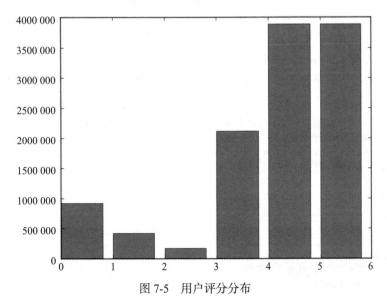

图 7-5　用户评分分布

（2）用户评价的电影数量分布

表 7-3 是所统计的用户对电影的评价数据，从中可见，40% 多的人仅评价了一部电影，极少数的人评价了 10 部以上的电影。

表 7-3 用户对电影的评价数据

评价电影数	人　　数	渗透占比	评价电影数	人　　数	渗透占比
1	524 771	40.53%	12	14 670	1.13%
2	176 880	13.66%	13	13 165	1.02%
3	102 006	7.88%	14	11 663	0.90%
4	69 082	5.34%	15	10 390	0.80%
5	50 897	3.93%	16	9 415	0.73%
6	39 617	3.06%	17	8 546	0.66%
7	31 715	2.45%	18	7 927	0.61%
8	26 294	2.03%	19	7 050	0.54%
9	22 610	1.75%	20	6 576	0.51%
10	19 150	1.48%	>20	125 421	9.69%
11	16 903	1.31%			

通过上面的表格，其实不难发现数据是高维稀疏的。下面将基于 Spark MLlib 的 ALS 算法完成模型训练和预测。

7.4.2　训练模型

接下来，调用 MLlib 中基于 Dataframe 的 ALS 进行模型训练。

详细代码参考 ch07/MoviesALS.scala，本地测试参数和值如表 7-4 所示。

下面根据具体代码详细介绍如何一步一步地通过训练数据得到最终的推荐结果。

表 7-4　ALS 的本地测试参数和值

本地测试参数	参数值
whdir	spark-warehouse
mode	local[2]
ratingsPath	2rd_data/ch07/ratings.dat
output	output/ch07

```
// 加载电影评分数据
val ratings = spark.read.textFile(ratingsPath).map(parseRating).toDF()
// 切分训练数据和测试数据
val Array(training, test) = ratings.randomSplit(Array(0.7, 0.3))
println(test.count())
// 定义隐变量维度
val rank = 16
// 定义迭代次数
val iter = 8
// 定义正则化系数
val regParm = 0.1
// 使用 ALS 算法针对训练数据构建模型
val als = new ALS()
```

```
    .setMaxIter(iter)
    .setRank(rank)
    .setRegParam(regParm)
    .setUserCol("userId")
    .setItemCol("movieId")
    .setRatingCol("rating")

val model: ALSModel = als.fit(training)
// 通过对测试数据计算 RMSE 来评价模型效果
val rmse1 = evaluate(model, training)
val rmse2 = evaluate(model, test)
println(rmse1)
println(rmse2)
```

输出：

```
0.704331022765096
1.2208641348165818
```

显然，上述的参数不一定是最优的，我们可以使用最野蛮的方法寻找最优的参数组合。详细代码参考 ch07/MoviesALSBatch.scala，本地测试参数和值同表 7-4 所示。

```
// 将数据按照 0.6、0.2、0.2 切分成三份
val Array(training, validation, test) = ratings.randomSplit(Array(0.6, 0.2,
0.2)).map(_.persist)
val numTraining = training.count
val numValidation = validation.count
val numTest = test.count
println(s"training: $numTraining, validation: $numValidation, test: $numTest.")
```

然后训练一批模型，通过对比 validation 部分的 RMSE，选出一个最优模型：

```
// 遍历所有的参数组合
val ranks = List(8, 10, 12, 16)
val lambdas = List(0.01, 0.1, 1.0)
val numIters = List(6, 8, 10)
var bestModel: Option[ALSModel] = None
var bestValidationRmse = Double.MaxValue
// 用于记录最优参数
var bestRank = 0
var bestLambda = -1.0
var bestNumIter = -1
for (rank <- ranks; lambda <- lambdas; numIter <- numIters) {
  // 使用 ALS 训练模型
  val als = new ALS()
    .setMaxIter(numIter)
    .setRank(rank)
    .setRegParam(lambda)
    .setUserCol("userId")
    .setItemCol("movieId")
    .setRatingCol("rating")
```

```
    val model: ALSModel = als.fit(training)
    // 计算验证集 RMSE
    val validationRmse = computeRmse(model, validation)
     println(s"($rank, $lambda, $numIter)'s RMSE (validation): $validationRmse")
if (validationRmse < bestValidationRmse) {
    bestModel = Some(model)
    bestValidationRmse = validationRmse
    bestRank = rank
    bestLambda = lambda
    bestNumIter = numIter
  }
}
// 计算测试集 RMSE
val testRmse = computeRmse(bestModel.get, test)
println(s"The best model was trained with ($bestRank,$bestLambda,$bestNumIter),
      and its RMSE(test) is $testRmse ")
val baselineRmse = computeBaseline(training.union(validation), test, numTest)
val improvement = (baselineRmse - testRmse) / baselineRmse * 100
println("The best model improves the baseline by " + "%1.2f".format(improvement)
      + "%.")
```

输出：

......

```
(16, 1.0, 6)'s RMSE (validation): 1.5049952079557947
(16, 1.0, 8)'s RMSE (validation): 1.5029678608238501
(16, 1.0, 10)'s RMSE (validation): 1.5028464950655132
The best model was trained with (8,0.1,6), and its RMSE(test) is 1.226104904978696
The best model improves the baseline by 13.75%.
```

从结果中可以看出，正则化系数 λ 的最优解是 0.1，选择最优 λ 为 0.1 时，不同隐变量维度 rank 值的 RMSE 表现如图 7-6 所示。

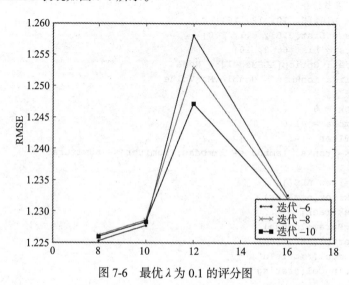

图 7-6　最优 λ 为 0.1 的评分图

7.4.3 测试模型

除了使用 RMSE 作为模型的数值评价指标外，也可以抽取个例去体验 ALS 模型训练结果的好坏。最直观的做法就是，在训练数据中加入读者自己的电影评分数据，然后观测模型的输出结果是否准确、是否具备多样性和新颖性等。表 7-5 所示是虚构的一个用户的评分集合。

表 7-5　用户对电影的评分集合

用户标识	电影 ID	电影名	评　　分
1296666	1291575	玩具总动员	5
1296666	1297995	美女与野兽	5
1296666	1291578	冰川时代	5
1296666	1306505	红高粱	4
1296666	1301753	狮子王	4
1296666	1297965	窈窕淑女	4
1296666	1294766	泰山	4
1296666	1291862	绝唱	4
1296666	2132930	速度与激情 4	4
1296666	1297291	夏日么么茶	3
1296666	1294950	四个婚礼和一个葬礼	2
1296666	1306249	唐伯虎点秋香	2

使用隐变量维度 rank = 8、迭代次数 iter = 6、正则化系数 regParm = 0.1 的参数组合训练模型，模型预测的评分如表 7-6 所示。

表 7-6　模型预测评分

userId	movieId	电影名	排　　名	预测结果
1296666	1291575	玩具总动员	5	4.100125
1296666	1297995	美女与野兽	5	4.5070786
1296666	1291578	冰川时代	5	4.068925
1296666	1306505	红高粱	4	3.4089377
1296666	1301753	狮子王	4	3.785371
1296666	1297965	窈窕淑女	4	3.6671293
1296666	1294766	泰山	4	4.335995
1296666	1291862	绝唱	4	3.6200876
1296666	2132930	速度与激情 4	4	3.8738434
1296666	1297291	夏日么么茶	3	3.0280447
1296666	1294950	四个婚礼和一个葬礼	2	2.67414
1296666	1306249	唐伯虎点秋香	2	3.7238846

基于 DataFrame 的 ALS API 并没有提供直接 predict 接口，通过从基于 RDD 的 ALS 实

现中提取预测方法 EnhancedMatrixFactorizationModel.recommendTForS，然后预测 TOP100 电影。

详细代码参考 ch07/ExploreModel.scala，代码片段如下：

```
val rank = 8
val userFactors = model.userFactors.map {
  case row => (row.getInt(0),  row.getSeq[Float](1).map(_.toDouble).toArray)
            }.rdd.filter(_._1 == 1296666)
val itemFactors = model.itemFactors.map {
  case row => (row.getInt(0),  row.getSeq[Float](1).map(_.toDouble).toArray)
            }.rdd
val recommend = EnhancedMatrixFactorizationModel.recommendTForS(rank,
            userFactors, itemFactors, 100)
  .flatMap(_._2.toSeq)
// movies.dat 是文件路径，具体视实际情况而定
val movies = spark.sparkContext.textFile("E:/git/data/ch07/movies.dat").map(_.
            split("~")).map(x => (x(0).toInt, x(1)))
val haveSeen = grayGuy.map(_.getInt(1)).collect().toSeq
recommend.join(movies).map {
  case (docId, (prediction, title))  => (docId, haveSeen.contains(docId),
      prediction, title)
}.foreach(println)
```

用户得到的推荐列表如表 7-7 所示。

表 7-7　电影推荐列表

电影 ID	预测得分	电影名
1292466	4.348432189	往日情怀
1293377	4.328072949	芳芳
1301825	4.865542739	圣诞欢歌
1293778	4.276402227	科学怪人
1304833	4.409340121	飞天火箭人
1291587	4.294001483	埃及王子
1295939	4.291012777	爱丽斯梦游仙境
1301859	4.410838111	意大利人在俄罗斯的奇遇
1304258	4.320246686	人性
1292402	4.358484736	西西里的美丽传说
1305184	4.324759082	地狱无门
1293120	4.325607769	小美人鱼
1305552	4.77791165	战地摄影师
1299795	4.38292583	非常公寓
1301811	4.323872155	鳄鱼波鞋走天涯
1306067	4.403758393	突破二十五马赫
1292289	4.38784444	心动

（续）

电影 ID	预测得分	电影名
1301777	4.540265135	幻想曲 2000
1305233	4.529811707	冲出生死线
1305217	4.61413844	鬼马小精灵
1294901	4.486274088	明年此时
1302805	4.328053984	情色地图
1293237	4.301352031	变脸
1291573	4.317970028	虫虫危机
1292213	4.34040841	大话西游之大圣娶亲
1293637	4.329394057	阿鹦爱说笑
11528325	4.526924095	平克·弗洛伊德：愿你在此的故事
10521701	4.323230646	三生三世 聂华苓
1304934	4.416447887	Naked Gun
...	...	...

读者可以到豆瓣电影网页上去看详细介绍。

7.4.4 使用 ALS 结果

对推荐数据 ALS 分解后，不仅能够直接得到用户的推荐结果，还能够得到用户和物品的隐变量表示，灵活地使用 ALS 分解的结果，对提升推荐效果有很大意义，下面介绍 ALS 分解结果的一些使用方法。

（1）直接使用预测结果

在上面的例子中，使用 ALS 分解的模型，调用 MLlib 的 predict 接口，直接产生推荐结果，将电影和用户兴趣相似度进行排序，推荐给用户他们最感兴趣的电影，这是 ALS 分解结果最直接的使用方法。

（2）用户建模和物品建模

ALS 分解的求解速度很慢，无法做到实时分解，因此 ALS 分解的结果在时间上有一定的滞后性，无法根据最新的用户行为，实时更新推荐列表，对于新加入的用户 ALS 无法给出推荐结果，而新加入的物品无法被推荐。

我们注意到，ALS 分解的训练过程中，使用隐变量对用户和物品进行了表示，同时对用户和物品完成了建模。我们也可以将隐变量暂存起来，并和其他类的推荐算法结合使用。比如可以与基于物品的协同过滤算法结合，找到与新用户发生过行为的物品相似的其他物品推荐给新用户。这其中就涉及物品的相似度计算，而计算的内容正是矩阵分解得到的物品隐变量。这样可以加快新用户的推荐以解决 ALS 推荐的时效性问题，解决方法如图 7-7 所示。

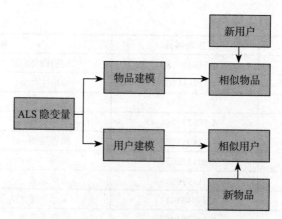

图 7-7 用户建模和物品建模

对于新用户，根据用户有过行为的物品，基于 ALS 隐变量计算相似物品，把最相似物品推荐给用户，实现新用户的冷启动；对于新物品，找到对该物品有过兴趣的用户，基于隐变量计算相似用户，并把该物品推荐给相似用户，实现对新物品的冷启动。

（3）生成推荐理由

ALS 分解的最大缺点是无法提供合理的推荐理由，我们可以基于用户建模和物品建模的结果生成推荐理由。例如根据 ALS 给用户 A 推荐了物品 B，可以计算物品 B 和用户 A 购买过的物品之间的相似度，找到与物品 B 最相似的物品 C，从而给用户 A 生成形如"购买了物品 C 的用户还购买了物品 B"的推荐理由。

7.5 本章小结

本章主要介绍了 MLlib 中提供的各类协同过滤模型，讨论了协同过滤的常见算法，包括基于用户的协同过滤、基于物品的协同过滤、矩阵分解技术等，以及算法的合理使用场景、协同过滤模型的评估标准，如准确率、覆盖率等。还讨论了如何使用豆瓣的电影评分数据进行协同过滤实践，包括准备数据、训练模型、测试模型、使用 ALS 结果提升推荐效果等。

对于一些可以从 Spark 官网上获取的算法示例代码，本章没有进行展示，包括示例代码也没有展示，需要的读者可以从本书目录 https://github.com/datadance 下载。

本章使用的数据集是：豆瓣的电影评分数据。

在下一章中，我们将使用类似的方法研究 MLlib 的降维模型。

第8章 *Chapter 8*

数 据 降 维

褚（zhǔ）小者不可以怀大，绠（gěng）短者不可以汲深。

——《庄子·至乐》

小的袋子不能拿来装大东西，短的绳子不能用来提深井的水。

万物生来都有天赋的自性，生就的才长。正如小袋子装不了大东西，短绳子提不了深井的水一样，人要做力所能及的事情。如何降低难度，解决能力暂时达不到的事情，将大东西分割成小东西，将短绳子连接成长绳子，体现了朴素的降维思想。机器学习中的很多问题都可以通过降维来解决。

本章讲解常用的降维算法，包括主成分分析（PCA）、奇异值分解（SVD）、广义降维、文本降维等，以及降维的评估标准。然后，使用 PCA 算法对 Digit 数据集进行特征降维，并对降维的结果进行分析。

8.1 降维概述

在大数据时代，数据越多越好似乎已经成为公理。

在一些机器学习算法的应用场景中，特征维度可能达到百万以上量级，这使得很多低维空间上的机器学习算法变得不可用，且训练样本较少时还会导致过拟合，训练模型更容易被噪声数据影响。

这时需要对数据进行降维，降维一方面可以解决"维数灾难"，减少被处理特征的数量，降低计算复杂度；另一方面可以使机器学习算法更好地认识和理解数据。在很多分类、聚类等机器学习任务中都会用到降维方法对训练数据特征进行处理，特别是在图像识别、语音识别等模型训练的具体任务中。

特征降维可以移除信息量较少甚至无效信息，帮助我们构建更具扩展性、通用性的数据模型。不同于分类、聚类、回归、关联规则和协同过滤，降维并不是做模型预测的，而是一种基于特征转换的预处理方法，事实上，有一些算法如果没有降维处理，很难得到好的效果。

机器学习领域中的降维指采用某种映射方法，将原高维空间中的数据点映射到低维度空间中。降维的本质是学习一个映射函数 $f: x->y$，其中 x 是原始数据点的表达，多使用向量表达形式，如维度为 m 的向量 $x = R^m$；y 是数据点映射后的低维向量表达，如为维度是 n 的向量 $y = R^n$，通常 y 的维度小于 x 的维度。降维方法从 m 维的数据输入中提取出 n 维数据，旨在被抽取出来的 n 维数据可以排除 m 维原始数据中的噪声并保留大部分的隐含结构。

$$f: R^m \to R^n, \ m > n$$

之所以使用降维后的数据表示，是因为在原始的高维空间中，包含有冗余信息以及噪声信息，这些在实际应用（例如图像识别）中造成了误差，降低了准确率；而通过降维寻找数据内部的本质结构特征，会减少冗余信息所造成的误差，提高识别（或其他应用）的精度。又或者希望通过降维减少待学习参数的个数，避免由于在有限样本下学习参数过多造成的过拟合情况。针对数据，大部分降维算法处理的是向量表达的数据，也有一些降维算法可以处理高阶张量表达的数据。

8.2 常用降维算法

根据映射函数 f 是否为线性，降维方法可以分为线性方法和非线性方法，常用的线性降维方法有主成分分析（Principal Component Analysis，PCA）、线性判别分析（Linear Discriminant Analysis，LDA）等，非线性方法可以分为基于特征和基于核两类，基于特征的方法有局部线性嵌入（Locally Linear Embedding，LLE），基于核的方法有核分析（Kernel Discriminant Analysis，KDA）。

线性降维方法是用得较为广泛的降维方法，在许多任务中都能取得较好的效果。MLlib 提供两种降维模型，即 PCA 和 SVD（Sigular Value Decomposition，奇异值分解）。

8.2.1 主成分分析

PCA 是最常用的线性降维方法，它的目标是通过某种线性投影，将高维空间的数据映射到低维的空间中，并期望在所投影的维度上数据的方差最大，以此使用较少的数据维度，同时尽可能多地保留原始数据的特性。

通俗地讲，如果把所有的点都映射到一起，那么几乎所有的信息（如点和点之间的距离关系）都丢失了，而如果映射后方差尽可能大，那么数据点则会分散开来，以此保留更多的信息，如图 8-1 所示，在主方向上投影的点方差最大，也最分散。PCA 是丢失原始数据信息最少的一种线性降维方式，最接近原始数据。

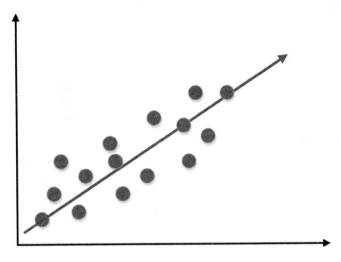

图 8-1 PCA 投影图

设 n 维向量 w 为目标子空间的一个坐标轴方向（称为映射向量），最大化数据映射后的方差有：

$$\max_{w} \frac{1}{m-1} \sum_{i=1}^{m} \left(w^{\mathrm{T}} (x_i - \overline{x}) \right)^2$$

其中，m 是数据实例的个数，x_i 是数据实例 i 的向量表达，$\overline{x}$ 是所有数据实例的平均向量。上述是将 m 个列向量通过一个 n 维向量 w 投影到一个坐标轴的情况，下面是 m 个列向量投影到 k 维空间的情况。定义 W 为包含 k 个映射向量为列向量的矩阵，经过线性代数变换，可以得到如下优化目标函数：

$$\min_{w} \mathrm{tr}\left(W^{\mathrm{T}} A W \right), \mathrm{s.t.} W^{\mathrm{T}} W = I$$

其中，tr 表示矩阵的迹，

$$A = \frac{1}{m-1} \sum_{i=1}^{m} \left(x_i - \overline{x} \right) \left(x_i - \overline{x} \right)^{\mathrm{T}}$$

A 是数据协方差矩阵。

容易得到，最优的 W 是由数据协方差矩阵前 k 个最大的特征值对应的特征向量作为列向量构成的。这些特征向量形成一组正交基并且最好地保留了数据中的信息。

PCA 训练的目标是求得变换矩阵 W，$Y = WX$ 就是数据在新特征空间中的表述，从 X 的原始维度 n 维降低到了 k 维。

PCA 追求的是在降维之后能够最大化保持数据的内在信息，并通过衡量投影方向上的数据方差的大小来衡量该方向的重要性，但是这样投影以后对区分数据并不一定有帮助，反而可能使得数据点杂揉在一起无法区分，这也是 PCA 存在的最大一个问题，这导致 PCA 在很多情况下的分类效果并不好。具体如图 8-2 所示，若使用 PCA 将数据点投影至一维空间上，PCA 会选择 2 轴，这使得原本很容易区分的两簇点被杂揉在一起变得无法区分；而这时若选择 1 轴将会得到很好的区分结果。

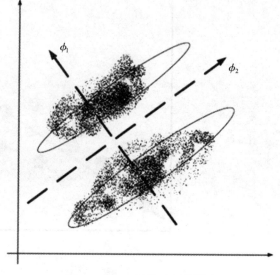

PCA 变换后的结果中，第一个主成分具有最大的方差值，每个后续的成分在跟前述主成分正交条件限制下与其具有最大方差。一般降维时保留前 K 个主成分即可，需要注意的是 PCA 对正交向量的尺度敏感，数据在变换前需要进行归一化处理。

调用 MLlib 的 PCA 方法实现降维的 Spark 代码如下：

图 8-2　PCA 区分不大投影图

```
val data: RDD[LabeledPoint] = sc.parallelize(Seq(
  new LabeledPoint(0, Vectors.dense(1,0,0,0,1)),
  new LabeledPoint(1, Vectors.dense(1,1,0,1,0)),
  new LabeledPoint(1, Vectors.dense(1,1,0,0,0)),
  new LabeledPoint(0, Vectors.dense(1,0,0,0,0)),
  new LabeledPoint(1,Vectors.dense(1,1,0,0,0))))
// 计算排名前 3 的主成分
val pca = new PCA(3).fit(data.map(_.features))
// 将数据映射到排名前 3 的主成分向量空间
val projected = data.map(p => p.copy(features = pca.transform(p.features)))
```

8.2.2　奇异值分解

SVD 是一种通用的矩阵分解算法，它可以用来进行数据降维。SVD 可以作用于任何形状的矩阵。

一个有 m 个样本 n 维特征的数据集，可以用一个矩阵表示为 $X \in R^{m \times n}$，它可以分解成下面的 3 个矩阵：

$$X = U\sum V^{T}$$

其中，U 是 $m*m$ 的正交阵，V 是 $n*n$ 的正交阵，而 Σ 是对角阵，除了对角线上的元素，其他元素都是 0，对角线上的元素称为奇异值（singular value）。

用 SVD 可以将该矩阵分解如下：

$$X = \begin{bmatrix} u_{11} & u_{12} & \cdots & u_{1n} \\ u_{21} & u_{22} & \cdots & u_{2n} \\ \vdots & \vdots & \ddots & \vdots \\ u_{n1} & u_{n2} & \cdots & u_{nn} \end{bmatrix} \begin{bmatrix} \lambda_1 & & & \\ & \lambda_2 & & \\ & & \ddots & \\ & & & \lambda_r \end{bmatrix} \begin{bmatrix} v_{11} & v_{12} & \cdots & v_{1m} \\ v_{21} & v_{22} & \cdots & v_{2m} \\ \vdots & \vdots & \ddots & \vdots \\ v_{m1} & v_{m2} & \cdots & v_{mm} \end{bmatrix}$$

奇异值和特征值类似，在对角线上非负且按降序排列，在实际应用中，可能前面不到 10% 的奇异值的和就占了全部奇异值的和的 99% 以上，若要将特征维度从 n 维降到 k 维，只需要对 SVD 进行截断，选前 k 个奇异值，就可以保留原始数据大部分的信息，此时 SVD 表示为：

$$X \approx U_k S_k V_k^{\mathrm{T}}$$

$$X = \begin{bmatrix} u_{11} & \cdots & u_{1k} \\ u_{21} & \cdots & u_{2k} \\ \vdots & \ddots & \vdots \\ u_{m1} & \cdots & u_{mk} \end{bmatrix} \begin{bmatrix} \lambda_1 & & \\ & \ddots & \\ & & \lambda_k \end{bmatrix} \begin{bmatrix} v_{11} & v_{12} & \cdots & v_{1m} \\ \vdots & \vdots & \ddots & \vdots \\ v_{k1} & v_{k2} & \cdots & v_{km} \end{bmatrix}$$

SVD 选择前 k 个奇异值和 PCA 选择前 k 个主成分类似，但是 SVD 能更好地反应数据的核心信息，找到数据的隐藏关系，对于稀疏矩阵，SVD 能够保持稀疏性，而 PCA 需要对原矩阵取均值，丢失了矩阵稀疏性。

调用 MLlib 的 SVD 方法实现降维的 Spark 代码如下：

```
val data = Array(
  Vectors.sparse(5, Seq((1, 1.0), (3, 7.0))),
  Vectors.dense(2.0, 0.0, 3.0, 4.0, 5.0),
  Vectors.dense(4.0, 0.0, 0.0, 6.0, 7.0))
// 创建一个并行 RDD 集合
val dataRDD = sc.parallelize(data,2)
val mat: RowMatrix = new RowMatrix(dataRDD)
// 计算排名前 5 的奇异值
val svd: SingularValueDecomposition[RowMatrix, Matrix] = mat.computeSVD(5,
computeU = true)
// U 矩阵是一个行矩阵
val U: RowMatrix = svd.U
// 奇异值向量
val s: Vector = svd.s
// V 矩阵是一个稠密矩阵
val V: Matrix = svd.V
```

8.2.3　广义降维

特征降维的本质是减少特征维度，更好地理解数据，防止发生过拟合，从广义上说所有减少特征维度的方法都可以认为是一种降维。

前面介绍的降维方法都改变了特征空间，并将特征映射到新的空间，特征选择不改变特征空间，只选择有效的特征子集，去掉不相关特征，从而减少特征维度，也是一种降维方法。

特征选择的模型可以分为 Filters 和 Wrappers 两类，Filters 是使用一个更为简单的过滤器来评估，常用的评估指标有信息增益（Information Gain，IG）、互信息 (Mutual Information，MI)、交叉熵（Cross Entropy，CE）等；Wrappers 使用一个搜索算法来搜索所有可能的特征空间子集，对于每一个特征空间子集运行模型并评估。Filters 计算速度快，简单可靠，但是无法考虑特征之间的组合，Wrappers 算法考虑了所有的特征组合，但在计算上非常费时，同时增加了过拟合的风险。

此外在文本挖掘中的 topic-model（LDA、PLSA 等）将上万维度的文本词袋特征（bag of words，bow）特征用几百个主题（Topic）来表示，word2vec 模型将 bow 特征用几百维词向量表示；在图像识别领域，hg 算法用多个高斯模型拟合特征空间，每个特征都用到高斯分布的距离重新表达，也都可以认为进行了降维。

8.2.4　文本降维

文本挖掘中，通常需要将文本表达为向量形式。词袋特征是一种常用的表示文本的方法，bow 对于一个文本，忽略其词序和语法，将其仅仅看作一个词的集合，文本中每个词的出现都是独立的，不依赖于其他词是否出现。对于一个文本，先对其进行分词，用词出现频率的统计值来表示文本。

每条文本的特征维数等于文本所包含词的集合大小，而文档集的特征维度等于文档集所包含词的集合大小。当文本集合非常大时，bow 特征的维度会非常高，从而会遇到维数灾难。此外，bow 特征不包含语义信息，也无法表示词之间的潜在关系。

为了克服 bow 存在的这些缺点，NLP 领域的研究人员提出了一系列的词嵌入（Word Embedding）方法。词嵌入方法的本质是将词映射到一个低维空间中，用多维的连续实数向量表示。bow 特征是稀疏特征，一个几十万维度的 bow 特征集合，只需要用 100 维的向量即可表示，因此词嵌入是一种对文本特征进行降维的有效方法。

word2vec 是 Google 在 2013 年年中开源的一款词嵌入工具，文本中的每一个词被表示成 k 维的待学习向量，可通过构建深度学习网络的方式学习这些向量。词在向量空间上的距离可以用来表示词的语义相似度。word2vec 的算法原理简单，训练效率非常高，单机即可进行百万文本的训练，是目前工业界应用最广泛的词嵌入方法，下面简单介绍 word2vec 的算法原理。

word2vec 基于下面的假设：一个词在文本当前位置出现的概率由它周围的词决定，例如下面这句话：

我 明天 去 北京。

"明天"这个词出现的概率由它周围的词决定，同时也可以认为周围的词出现的概率也由"明天"这个词决定。这两种思想对应 word2vec 的两种学习方法：CBOW 和 skim-gram，它们的具体原理如图 8-3 所示。

CBOW：对于每一个词，使用该词周围的词来预测当前词出现的概率，所有候选词的概率之和为 1。在上面的例子中输入"我""去""北京"三个词的向量，它们中间可能填入的词（如"明天""后天"等）的概率之和为 1。

skim-gram：对于每一个词，使用该词本身来预测生成其他词的概率，输出每个词的概率之和为 1。在上面的例子中输入是"明天"的向量，它旁边位置出现的各个词的概率之和为 1。

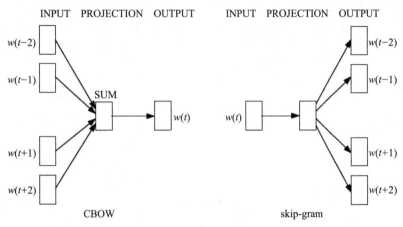

图 8-3　word2vec 原理图

为了完成 CBOW 和 skip-gram 的训练任务，word2vec 的训练采用一个三层的神经网络，网络结构如图 8-4 所示，输入层的每一个节点输入是一个向量 w，训练过程中通过 words 共享参数，并要对向量 w 进行更新，这个向量就是每个词对应的向量，输入层的节点数为文档集合的不同词的个数；隐藏层节点数可以调节，激活函数使用 sigmoid（一种非线性的激活函数）或 tanh（sigmoid 的 0 均值变形）均可；计算后，输出层节点个数为整个语料库中的不同词的个数。

直接求解 word2vec 的运算量很大，实际求解中有 Huffman 树和负采样（Negative Sampling）两种方法用于减少计算量，这里不再详细介绍。

调用 MLlib 实现 word2vc 的 Spark 代码如下：

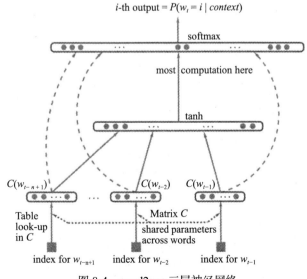

图 8-4　word2vec 三层神经网络

```
Val word2vec = new Word2Vec()
word2vec.setNumPartitions(60)
// 设置词向量的维数
word2vec.setVectorSize(100)
word2vec.setMinCount(minCount.toInt)
val model = word2vec.fit(documents)
```

使用 word2vec 对 300 万新闻样本进行训练，得到"手术机器人"的如下词向量表示：

[-0.10739723,-0.15708178,-0.5762882,-0.37511358,0.058526848,-0.084868334,0.3827448,-0.10163276,-0.1922075,0.2667258,-0.07670652,-0.3793303,-0.07107853,0.08132015,-0.07234965,-0.30738026,0.30588025,0.11895106,-0.18161073,-0.052465547,-0.0561531,-0.19032787,-0.03353991,-0.35997546,-0.008419014,-0.39979136,-0.399593,0.15904883,0.23461007,-0.05675857,-0.4466312,0.105243675,-0.22481239,0.2448129,-0.023437776,0.5868754,0.07917346,-0.026069386,0.21153483,0.08720455,-0.12288956,-0.0069768587,-0.43018103,-0.32397765,-0.04410932,-0.103604436,-0.24967109,-0.12690559,-0.0333073,0.17623387,-0.18889825,0.03129415,0.3766666,-0.06517653,-0.23380849,-0.3137159,0.030744264,0.06792917,0.10944539,-0.006531995,0.47097397,0.7197248,-0.040259518,0.027397037,0.14041996,-0.055657726,-0.013351372,-0.15631416,0.28991726,-0.015992297,0.2224071,-0.18040371,0.45952523,-0.07556016,0.033801094,-0.24180304,-0.014755425,-0.16544881,0.17168894,0.40022406,0.18154894,0.27218896,-0.5142263,0.26886472,0.110413976,-0.18935838,0.5424032,0.112004675,0.08604533,-0.10900706,-0.23735127,-0.18438444,-0.106800094,0.12315898,0.2282282,-0.053765975,-0.047263023,-0.2044281,0.63394403,0.22519343]

根据 word2vec 的原理，可以用表示成向量后的 cos 距离衡量词之间的相似度（实际上这是一种同位词的相似度，即出现位置越相似，向量相似度越高），下面列举词的相似度。

在美国大选期间的新闻中，查看"川普"一词：

{共和党总统 0.8503176745109899}
{总统候选人 0.838996721353494}
{donald 0.8342160937658499}
{民主党总统 0.8324398991393633}
{clinton 0.825507508419473}
{民主党 0.8244638841450327}
{克林顿 0.8226824026946381}
{trump 0.8135395862199243}
{共和党 0.8067120983741539}
{政客 0.8025482367199622}
{特朗 0.7995466574332037}
{支持率 0.7978627578654764}
{副总统 0.7965611452326072}
{白宫 0.794374555708288}

再看看目前最火的"人工智能"一词：

{人工智能技术 0.8923265353743965}
{人工智能领域 0.8817419919815153}
{智能时代 0.8162730969501504}

```
{ai 0.8023471386472153}
{ 计算机视觉 0.8019639583370183}
{ 自然语言 0.7824075690475333}
{ 智能机器人 0.7811769072883851}
{ 神经网络 0.7692839084192519}
{ 物联网 0.7539797999884004}
{ 云计算 0.7459794680232652}
{ 海量数据 0.7448302379020375}
{ 人工智能公司 0.7394271994707904}
{ 智能机器 0.7379552993718664}
{ 机器人 0.7346985193569077}
{deepmind 0.7338476929950637}
```

word2vec 把对文本内容的处理简化为 k 维向量空间中的向量运算，输出的词向量可以用于很多 NLP 相关的工作，比如分类、聚类、同义词扩展等。

8.3 降维评估标准

降维算法的目的是，使用尽可能少的特征维度，表示原始样本中尽可能多的信息，同时能够更好地理解数据，以便在后续的分类聚类中得到更好的效果，因此在评估降维算法的效果时，最直接的方法就是考察降维后的数据在机器学习任务中的训练速度和最终模型的训练效果。如图 8-5 所示是 LinkedIn 对 2009 KDD challenge 数据使用不同降维算法后分类模型的 ROC 曲线。

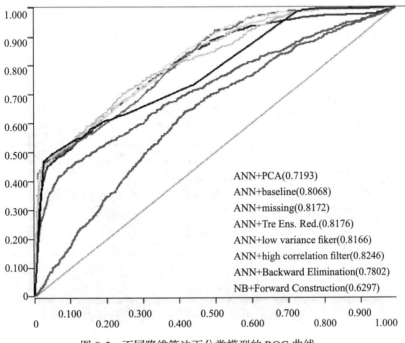

图 8-5　不同降维算法下分类模型的 ROC 曲线

针对不同的机器学习任务，特征降维算法的评估指标差别较大，难以形成统一的最终评估标准。除上述 ROC 曲线的评测方式外，通常还使用特征压缩率和特征相关性来粗略评估降维后的特征。

特征压缩率指标比较容易衡量，表示降维算法对特征维度的减少效果，计算公式为：

$$特征压缩率 = \frac{k}{N}$$

其中，N 为原始数据集的特征规模，k 为降维后数据集的特征规模。

特征相关性用于衡量降维特征对后续分类任务的贡献，一般相关性过低的特征对于分类没有效果，之前介绍的皮尔逊相关系数、卡方检验值、cos 距离等都可以用于衡量相关性。

8.4 使用 PCA 对 Digits 数据集进行降维

Digits 数据集类似于 mnist 数据集，是一个手写数字识别的数据集，美中不足是这个数据集里的样本没有 mnist 数据集里的多，但优点是数据格式简单易懂，可以快速上手。

实践步骤如下。

1）数据准备：将原始数据转换成 PCA 可接受的输入。

2）训练 PCA 模型：使用 PCA 进行训练，得到降维模型（变换矩阵）。

3）分析降维结果：对转换后的样本特征进行分析。

8.4.1 准备数据

Digits 中的数据是一个一个的文件，它用 0 和 1 表示黑白像素，文件格式如图 8-6 所示，前面是类别，后面是像素值。

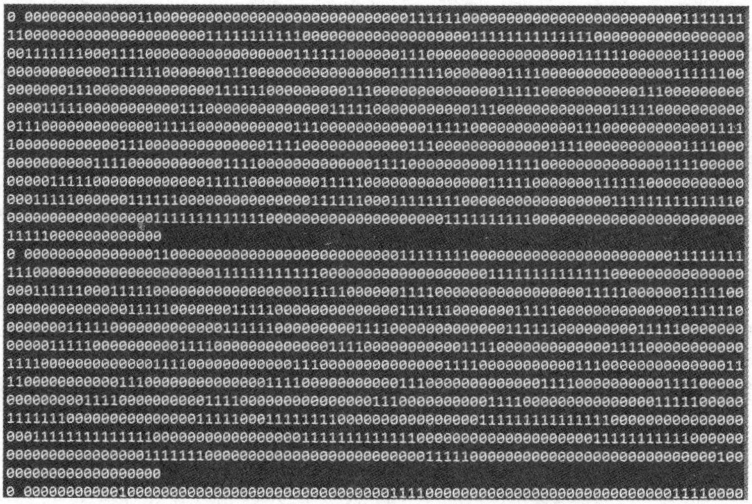

图 8-6 Digits 数据集中的文件格式

选取某几个文件，使用 Python 进行可视化，可以看到手写数字的轮廓，如图 8-7 所示。

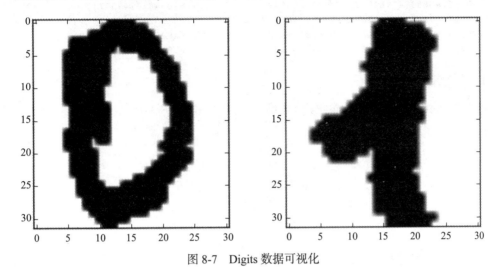

图 8-7　Digits 数据可视化

8.4.2　训练模型

接下来，调用 MLlib 中的 PCA 进行训练，详细代码参考 ch08/DigitPCA.scala，本地测试参数和值如表 8-1 所示。

PCA 的训练代码极其简洁，选取 label 为 0、1 和 2 的数据进行训练，方便后面进行三维可视化。

表 8-1　PCA 的本地测试参数和值

本地测试参数	参数值
mode	local[2]
trainPath	2rd_data/ch08/train.dat
testPath	2rd_data/ch08/test.dat

```scala
val data: RDD[LabeledPoint] = sc.textFile(trainPath).map(_.split(" ")).map {
  terms =>
    val label = terms(0).toInt
    new LabeledPoint(label,
Vectors.dense(terms(1).split("").map(_.toDouble)))
}.filter(_.label <= 2.0)
val k = 3
// 计算前 k 个主成分
val pca = new PCA(k).fit(data.map(_.features))
// 将数据映射到排名前 3 的主成分向量空间
val projected = data.map(p => p.copy(features = pca.transform(p.features)))
projected.take(10).foreach(println)
```

直接本地模式运行会得到以下输出：

```
(0.0,[8.039819595550597,-0.2946178245416047,-2.6618396131464075])
(0.0,[8.48344310875832,-2.198248665325841,-1.1397930427175251])
(0.0,[7.857284070500314,-0.40802813505505586,-2.334727949608506])
(0.0,[8.413262340621104,1.0238294163375965,-2.9707732956776294])
(0.0,[7.587281724898408,1.7423971544612444,-3.532201646839924])
```

```
(0.0,[6.5246067158099414,-0.1678485812694482,-2.0883453795422944])
(0.0,[8.456537417649198,-0.7130565496359107,-1.1461054819149357])
(0.0,[7.679637473107687,-1.088248078719837,-2.047631901230178])
(0.0,[4.41587450209114,1.698121059326948,-4.706544408941708])
(0.0,[2.449803950160149,1.544616826073977,-5.936209899098713])
```

8.4.3 分析降维结果

使用 Python 对训练结果的输出进行绘制，结果如图 8-8 所示。

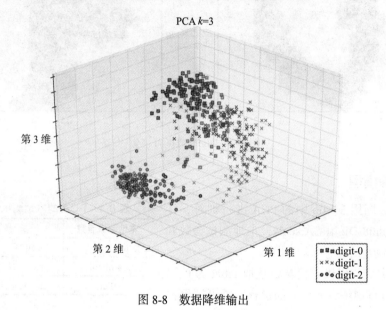

图 8-8　数据降维输出

读者可以进一步使用 GBDT 等多分类算法对降维后的数据进行分类，以评估降维参数 k 下 PCA 降维的好坏。

8.5　其他降维方法

除了常用的 PCA、SVD 等降维方法之外，还有线性判别分析、局部线性嵌入、拉普拉斯特征映射等常用降维方法。

8.5.1 线性判别分析

线性判别分析（Linear Discriminant Analysis，LDA）是一种有监督的线性降维算法，需要注意的是，它与主题模型中的隐狄利克雷分布（Latent Dirichlet Allocation）不是一回事。LDA 与 PCA 降维的基本思想有所不同，PCA 是无监督的降维方法，是为了使降维后的数据点在降维方向保持最大的方差，尽量保留原始数据信息。而 LDA 是有监督的降维方法，是为了使降维后的数据点尽量容易被区分。

首先给定特征为 d 维的 N 个样例，$x^{(i)}\{x_1^{(i)}, x_2^{(i)}, \cdots, x_d^{(i)}\}$，其中有 N_1 个样例属于类别 ω_1，另外 N_2 个样例属于类别 ω_2。根据需要我们进行特征降维，假设最佳映射向量为 w（d 维），那么 x（d 维）到 w 上的投影可以表示为

$$y = w^{\mathrm{T}}x$$

为了方便说明，假设样本向量 $x^{(i)}\{x_1^{(i)}, x_2^{(i)}, \cdots, x_n^{(i)}\}$ 包含 2 个特征值（$d=2$），我们就是要找一条直线（方向为 w）来做投影，使得投影后的样本点找到的最优投影直线能够把不同类的样本点尽可能分开，同时使同类的样本点尽可能聚集，也就是均值点间距离越大越好，散列值越小越好。同类的数据点尽量接近（within class）。不同类的数据点尽量分开（between class）。

8.5.2 局部线性嵌入

局部线性嵌入（Locally Linear Embedding，LLE）是一种非线性降维算法，它能够使降维后的数据较好地保持原有流形结构。

如图 8-9 所示，使用 LLE 将三维数据（b）映射到二维（c）之后，映射后的数据仍能保持原有的数据流形（同色的点互相接近），这说明 LLE 有效地保持了数据原有的流形结构。

但是 LLE 在有些情况下也并不适用，如果数据分布在整个封闭的球面上，则 LLE 不能将它映射到二维空间，且不能保持原有的数据流形。

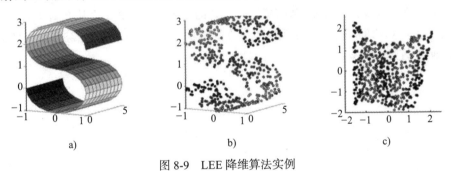

图 8-9 LEE 降维算法实例

LLE 算法认为每一个数据点都可以由其近邻点的线性加权组合构造得到。该算法的主要步骤分为 3 步：① 寻找每个样本点的 K 个近邻点；② 由每个样本点的近邻点计算出该样本点的局部重建权值矩阵；③ 由该样本点的局部重建权值矩阵及其近邻点计算出该样本点的输出值。

8.5.3 拉普拉斯特征映射

拉普拉斯特征映射（Laplacian Eigenmap，LE）看问题的角度和 LLE 有些相似，也是从局部的角度构建数据之间的关系。它的直观思想是希望有关系的点（在图中相连的点）在降维后的空间中尽量靠近。

算法的具体步骤如下。

1）构建图，使用某一种方法将所有的点构建成一个图，例如使用 KNN 算法，将每个点最近的 K 个点连上边。K 是一个预先设定的值。

2）确定权重，确定点与点之间的权重大小，例如选用热核函数来确定，如果点 i 和点 j 相连，那么它们的关系的权重设定为：

$$W_{ij} = e^{-\frac{\|x_i - x_j\|^2}{t}}$$

另外一种可选的简化设定是，如果 i、j 相连，$W_{ij}=1$，否则 $W_{ij}=0$。

3）特征映射，计算拉普拉斯矩阵 L 的特征向量与特征值 $L_y = \lambda D_y$。使用最小的 m 个非零特征值对应的特征向量作为降维后的结果输出。

8.6 本章小结

本章主要介绍基于 Spark 的降维处理方法，以及使用 PCA 对 Digit 数据进行降维的案例。使用降维方法对数据特征进行处理，可以使得数据模型在新数据集上的表现更好。

对于一些可以从 Spark 官网上获取的算法示例代码，本章没有进行展示，包括示例代码也没有展示，需要的读者可以从本书目录 https://github.com/datadance 下载。

本章使用的数据集是：Digit 数据集，其包含的是手写体的数字，从 0 到 9。

至此，关于算法的部分就介绍到这里，在后续的章节中，我们开始综合使用各类算法，基于 Spark 进行案例实战。

第三篇 *Part 3*

综合应用篇

Chapter 9 第9章

异常检测

兔（fú）胫虽短，续之则忧；鹤胫虽长，断之则悲。

——《道德经》第二章

野鸭的腿虽短，如果给它接上一段，它就会痛苦；仙鹤的腿虽然长，如果给它截去一段，它就会悲伤。

正如野鸭腿短、仙鹤腿长一样，世间万物都具有特定的行为和属性，野鸭腿长、仙鹤腿短就不符合正常情况。在生产生活中，由于设备的误差或者人为操作失当，难免会出现错误。检查错误是一件十分琐碎的事情，利用机器学习进行异常检测可以让人摆脱检错的烦恼，而且符合大数据应用规律。

本章重点讲解什么是异常、异常检测的分类，以及基于模型、邻近度、密度、聚类的异常检测方法，最后介绍如何构建异常检测系统，以及异常的应用场景，并以新闻 App 用户行为数据进行异常检测实践。

9.1　异常概述

异常是指某个数据对象由于测量、收集或自然变异等原因变得不正常。找出异常的过程，称为异常检测。异常对象与大部分对象不同，因此异常检测也称为离群点检测；异常对象的属性值明显偏离期望的属性值，因此异常检测也称为偏差检测；异常在某种意义上是一种例外，因此异常检测也称为例外挖掘。

9.1.1 异常的产生

异常的产生原因多种多样，主要包括以下几个。

❑ 数据来源不同：某个数据对象来源可能不同于其他数据对象，如欺诈、入侵等。

❑ 自然变异：许多数据集可以用一个统计分布建模，如正态分布建模，数据对象的概率随对象到分布中心距离的增加而急剧减少。

❑ 数据测量和收集误差：数据测量和收集过程中的误差，如测量工具导致的误差。

9.1.2 异常检测的分类

根据异常的特征，可以将异常分为以下3类。

点异常（Point Anomalies）：是指单个数据对象相对于其他数据对象异常。点异常是最简单，也是研究得最多的异常类型。

图 9-1 展示了一份二维数据中的异常，整个数据集中大多数样本分布在 N1 和 N2 区域中。距离这两个区域很远的点 O1 和 O2，以及区域 O3 中的点被识别为异常点，这是因为它们位于正常区域之外。举一个生活中实际的例子，在信用卡欺诈中，我们关注一个用户的信用卡交易支出，与正常范围相比非常大的交易支出就是异常。

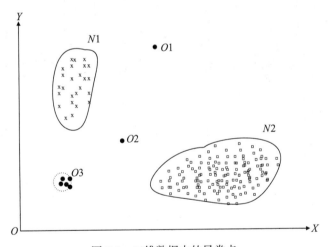

图 9-1 二维数据中的异常点

上下文异常（Contextual Anomalies）：是指一个数据对象在特定的上下文中的异常，也称为条件异常（Conditional Anomaly）。数据集的内部结构定义了上下文，而且成为异常问题定义的一部分，它包含上下文属性和行为属性两部分。在图 9-2 所示的某 App 日激活周期性序列中，X 轴是日期，Y 轴是 App 激活量，t1 是正常点，t2 是异常点，其中日期是上下文属性，激活量是行为属性。

集合异常（Collective Anomalies）：是指一批相关的数据对象相对于整个数据集是异常的。集合异常中的各个数据对象可能自身不是异常，但它们作为一个集合整体出现时，则是异常。图 9-3 展示了人类心电图输出的异常，虚线框内的区域表示异常，因为相同的低值存在比较长的时间（对应病灶房性早搏收缩），但是该低值本身不是异常。

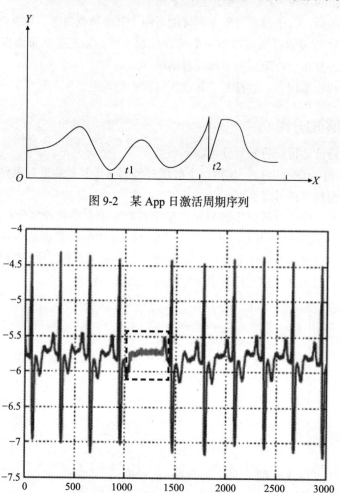

图 9-2 某 App 日激活周期序列

图 9-3 房性早搏收缩心电图

9.2 异常检测方法

异常检测主要使用数理统计技术和数据挖掘技术，常用的有 4 种方法：基于模型、基于邻近度、基于密度和基于聚类。

9.2.1 基于模型的方法

在统计学领域，通常采用基于模型的方法进行异常检测，它需要建立一个数据模型，并根据对象拟合模型的情况进行评估。异常即为那些模型不能完美拟合的对象。

基于模型的异常检测，首先判断出数据的分布模型，比如高斯分布（一元正态分布、多元正态分布）、泊松分布等。然后根据原始数据（包括正常点与异常点），算出分布的参数，进而代入分布方程求出概率。

假设数据的分布模型为高斯分布，公式如下：

$$f(x) = \frac{1}{\sqrt{2\pi}\sigma} e^{-\frac{(x-u)^2}{2\sigma^2}}, -\infty < x < \infty$$

根据原始数据求出期望 μ 和方差 σ^2，然后拟合出高斯分布函数，从而求出原始数据出现的概率，概率小的就是异常点。这两个模型参数与高斯分布曲线的关系如图 9-4 所示，方差越大曲线越扁平，数据分布越发散，反之数据分布就越集中。

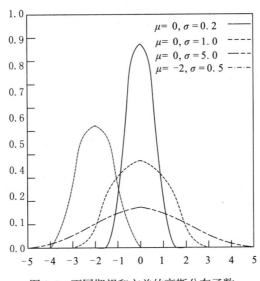

图 9-4　不同期望和方差的高斯分布函数

优点：基于模型的异常检测具有坚实的基础，即建立在标准的统计学基础（如分布参数的估计）之上，当存在充分的数据和有效的先验知识时，这种检测表现得非常好。该方法简单，无须训练，可以用在小数据集上。

缺点：对于多元数据，可用的分布选择太少，并且对于高维数据，基本不可能拟合出数据分布，并且离群点对模型参数影响很大。

9.2.2　基于邻近度的方法

邻近度是描述地理空间中两个对象距离相近的程度，基于邻近度的异常检测，核心思想是，如果一个对象远离大部分对象，则该对象是异常的，即异常点一般是距离大部分数据比较远的点。

判断一个对象是否远离大部分点的一种最简单的方法是，计算它到 k 个最近邻点的距离。即计算每个点与其距离最近的 k 个点的距离和，然后累加起来，这就是 KNN 方法。

一个对象离群点得分由到它的 $K-$ 最近邻点的距离给定。离群点得分的最小值是 0，而最大值是距离函数的最大可取值（一般为无穷大）。如图 9-5 所示是离群点得分的一个示例。

优点：原理简单，无须训练，可用在任何数据集。

缺点：基于邻近度的方法一般需要 $O(n^2)$ 时间，尽管在低维情况下可以使用专门的算法来提高性能，但这对于大型数据集来说代价依然高昂。此外，该方法对参数的选择也是敏感的，K 的选定对结果影响很大，并且多于 K 个离群点聚集在一起会导致误判。同时由于它使用全局阈值，不能处理具有不同密度区域的数据集。

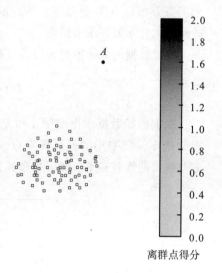

离群点得分

图 9-5　离群点得分

9.2.3　基于密度的方法

当对象之间存在邻近度度量时，对象的密度估计可以相对直接地计算。从基于密度的观点来看，低密度区域中的对象相对远离近邻点，离群点是低密度区域中的对象。

密度通常用邻近度来定义，基于密度的离群点检测与基于邻近度的检测密切相关。仅当一个点的局部密度显著低于它的大部分近邻点时，才将其看作离群点。

一种常用的定义密度的方法是，定义密度为到 K 个最近邻点的平均距离的倒数。如果该距离小，则密度高，反之亦然。简单来说，密度和近邻的距离成反比。

一个对象周围区域的密度等于该对象指定距离 d 内对象的个数。需要小心地选择参数 d。如果 d 太小，则许多正常点可能具有低密度，从而具有高离群点得分。如果 d 太大，则许多离群点可能具有与正常点类似的密度（离群点得分）。

一般的度量公式如下：

$$\text{density}(x, k) = \left(\frac{\sum_{y \in N(x,k)} \text{dis} \tan \text{ce}(x, y)}{|N(x, k)|} \right)^{-1}$$

其中，$\text{density}(x, k)$ 表示包含 x 的 k 近邻的密度，$\text{distance}(x, y)$ 表示 x 到 y 的距离，$N(x, k)$ 表示 x 的 k 近邻集合。

优点：基于相对密度的离群点检测给出了对象是离群点的可能的定量度量，并且即使数据具有不同密度的区域也能够很好地处理，结果相对准确。

缺点：和基于邻近度的方法一样，时间复杂度为 $O(n2)$，其中 n 是对象个数。虽然对于低维数据，使用专门的数据结构可以将它降低到 $O(n\log n)$。此外参数选择和阈值设定也比较困难，k 值的选择也需要多次试验，取最大离群点得分来确定。

9.2.4　基于聚类的方法

聚类和异常检测的目标是估计分布的参数，以最大化数据的总似然（概率）。聚类分析用于发现强相关的对象组，异常检测是发现与其他对象弱相关的对象，因此，聚类可以用于异常检测。换句话说，异常检测与聚类是高度相关的任务，服务于不同的目的。

一种利用聚类检测离群点的方法是，丢弃远离其他簇的小簇。这种方法可以与任何聚类技术一起使用，但是需要设定最小簇大小和小簇与其他簇之间距离的阈值。通常，该过程可以简化为把小于某个规模的所有簇认为是离群点。

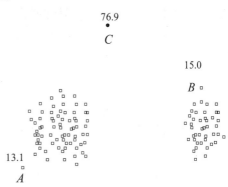

另一种更系统的方法是，首先聚类所有对象，然后评估对象属于簇的可能。对于基于原型的聚类技术，可以用对象到它的簇中心的距离来度量。对于基于目标函数的聚类技术，可以使用该目标函数来评估对象属于任意簇的可能。如果删除一个对象导致该目标显著改进，则可以将该对象分类为离群点。图 9-6 中的 C 点为离群点。

第 4 章介绍的聚类方法，如 KMeans、EM、层次聚类等算法都可以用于异常检测。

优点：有些聚类技术 (如 KMeans) 的时间和
空间复杂度是线性或接近线性的，因而基于这种算法的离群点检测技术是高度有效的。此外，簇的定义通常是离群点的补，因此可能同时发现簇和离群点。聚类的方法，在样本充足的情况下准确度会相对较高。

图 9-6　基于聚类的异常检测示例

缺点：所产生的离群点集及其得分非常依赖所用的簇的个数和数据总离群点的存在性。聚类算法产生的簇的质量对该算法产生的离群点的质量影响非常大。每种聚类算法只适合特定的数据类型，需要谨慎地选择聚类算法。

9.3　异常检测系统

异常检测系统的训练样本都是非异常样本，假设这些样本的特征服从高斯分布，并在此基础上估计出一个概率模型，然后用该模型估计待测样本属于非异常样本的可能性。

9.3.1　异常检测过程

假设训练数据的每一维特征都服从高斯分布，那么我们设计异常检测系统的训练过程如下。

1）选定容易出错的 m 个特征 $\{x_1^{(i)}, x_2^{(i)}, ..., x_m^{(i)}\}$ 作为变量。

2）计算 m 个样本的平均值和方差，高斯分布包含两个模型参数，即均值、方差：

$$\mu_j = \frac{1}{m} \sum_{i=1}^{m} x_j^{(i)}$$

$$\sigma^2 = \frac{1}{m} \sum_{i=1}^{m} (x_j^{(i)} - \mu_j)^2$$

3）给定监测点 x，计算 $p(x)$。

$$p(x) = \prod_{j=1}^{n} p(x_j; u_j, \sigma_j^2)$$

4）如果 $p(x) < \varepsilon$，则为异常值。

9.3.2 异常检测步骤

异常检测步骤包括数据准备、数据分组、异常评估、异常输出等步骤。

1. 数据准备

异常检测的第一步是了解输入数据的特征。实际情况中，对象可以有很多特征，它可能在某些特征上具备正常值，而在其他特征上异常。例如通过 App 的用户行为进行是否刷单的检测中，用户留存率、活跃率等指标正常，但在 App 的使用时长、推广渠道的转化率等指标方面会出现异常。

在异常检测问题中，训练集里除了正常（Normal）的样本，也需要用异常（Abnormal）的样本进行测试。也就是说，我们需要一批被标记（Labeled）的数据，可以将正常样本标签为 0，将异常样本标签为 1。其中只用标签为 0 的样本来训练。

2. 数据分组

基于模型的异常检测算法是一种无监督学习算法，这意味着无法通过结果变量判断数据是否异常，所以需要另一种方法来检测算法是否有效，从有标签（知道是否异常）的数据入手，从中找出一部分正常数据作为训练集（Train Set），剩余的正常数据和异常数据作为交叉检验集（Cross Validation Set）和测试集（Test Set）。

下面举个例子。

假如所有的数据中有 10 000 个正常样本，20 个异常样本，此时建议的分组比例如下：

❑ 训练集：6000 个正常样本。

❑ 交叉验证集：2000 个正常样本，10 个异常样本。

❑ 测试集：2000 个正常样本，10 个异常样本。

3. 异常评估

在异常检测问题中，大部分数据是正常的，所以 0 和 1 两类样本严重不均衡，这时候，系统性能评估就不能简单地用分类错误率或者准确率来描述。针对这样的倾斜类（Skewed Class），需要用准确率、召回率、F 度量等多个指标来度量。

具体评价方法如下。

❏ 在测试集上获得概率分布模型，估计出特征的平均值和方差，构建 $p(x)$ 函数。

❏ 在交叉验证集和测试集上，预测样本的标签（0 或 1），根据测试集数据，对于交叉检验集，尝试使用不同的 ε 为阈值，并预测数据是否异常，根据 $F1$ 值或查准率与查全率的比例来选择 ε。

❏ 计算评价指标（Evaluation Metrics），可能包括真正率、假正率、真负率、假负率、准确率、召回率、$F1$ 值。选出 ε 后，针对测试集进行预测，计算异常检验系统的 $F1$ 值或者查准率与查全率之比。

❏ 此外，还可以用以上系统评估的方法，指导分类的概率阈值，即 ε 的选取。

4. 异常输出

任何异常检测技术最终都需要输出检测到的异常，通常，由异常检测技术产生的输出有以下两类。

评分（score）。评分技术通过异常判定函数为测试集中的每个数据实例赋予一个异常得分，这个得分代表了异常程度。因此输出是异常的排序列表，使用阈值来判定异常。

标签（label）。标签分类技术直接对每个测试实例贴上正常或异常的标签。基于评分的异常检测技术允许分析人员使用特定阈值选择最可能的异常，然而基于二分类的技术则不允许直接选择，只能通过控制分类模型的参数来间接干预。

9.3.3 特征选取和设计

下面来说说异常检测问题中的特征应如何选取或设计。这部分将介绍两个方面：一是数据变换，二是增加更具辨别力的特征。

1. 数据变换

我们知道，异常检测系统是建立在每一维数据都服从高斯分布的假设基础上的。对于高斯分布的数据，直接运用高斯分布算法就好。如图 9-7 所示，统计数据 x 的直方图基本符合高斯分布。

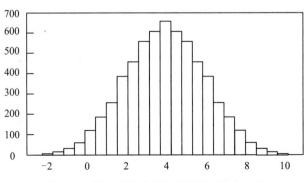

图 9-7 符合高斯分布的统计数据 x 直方图

对于非高斯分布的数据，虽然也可使用高斯分布的算法，但是效果不是很好，所以对原始数据进行某种变换，尽量将非高斯分布转化成（近似）高斯分布，然后再进行处理，其实也相当于设计新的特征。

如图9-8左图所示，可发现数据的直方图并不符合高斯分布；如图9-8右图所示，对 x 进行 $\log(x)$ 变换以后，统计直方图基本符合高斯分布。

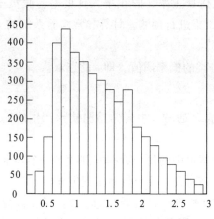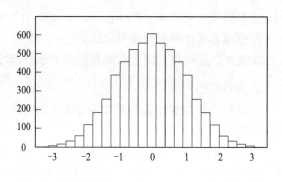

图9-8　$\log(x)$ 数据变换分布

类似 $x=\log(x)$ 的变换有很多，如果数据整体偏小，可以求 $\ln(x)$ 或者 x^a（$0<a<1$）；如果数据整体偏大，可以求 e^x 或者 x^a（$a>1$）。

2. 增加特征

由于异常检测系统是靠概率阈值来区分正常和异常样本的，所以当然希望异常样本的概率值小且正常样本的概率值大。这时容易碰到的问题是：如果一个测试样本的预测概率值不大不小恰好在阈值附近，那么预测结果出错的可能性就比较大。

如图9-9左图所示，异常点 $x1$ 对应的概率很高，预测概率值对于正常样本和异常样本来说都很大的，很难给出一个正确的判断。

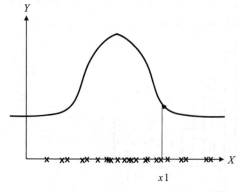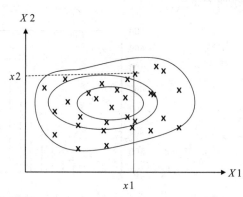

图9-9　增加特征

显然这种分布方式不能很好地识别出异常值，所以我们尝试增加变量或改变变量的类型来识别异常值，即增加更具有辨识力的特征。

如图 9-9 右图所示，通过新增一个维度的特征 $x2$，那么在 $x1$ 位置附近对于正常样本和异常样本更有区分度，所以能够更好地识别异常点。

增加了 $x2$ 特征以后，发现 $x1$ 样本在 $x2$ 这个特征维度上的概率 $p(x2)$ 很小，与 $p(x1)$ 的乘积自然也较小。从而，当特征 $x1$ 无法区分时，特征 $x2$ 帮助模型成功辨别了该样本。

9.4 应用场景

异常检测的应用领域非常广泛，如网络安全的入侵检测、信用卡欺诈检测、医疗和公共卫生、关键系统的安全故障检测、军事监视敌人的活动等。本节将讨论常见的 4 个领域：入侵检测、欺诈检测、社交假新闻、医疗和公共卫生。

9.4.1 入侵检测

入侵检测（Intrusion Detection）是对入侵行为的检测。它通过收集和分析网络行为、安全日志、审计数据、其他网络上可以获得的信息以及计算机系统中若干关键点的信息，检查网络或系统中是否存在违反安全策略的行为和被攻击的迹象。入侵检测作为一种积极主动的安全防护技术，提供了对内部攻击、外部攻击和误操作的实时保护，在网络系统受到危害之前拦截和响应入侵，因此被认为是防火墙之后的第二道安全闸门，在不影响网络性能的情况下能对网络进行监测。入侵检测通过执行以下任务来实现：监视、分析用户及系统活动；构造系统和审计弱点；识别已知攻击的活动模式并向相关人士报警；统计分析异常行为模式；评估重要系统和数据文件的完整性；操作系统的审计跟踪管理，并识别用户违反安全策略的行为。 入侵检测是防火墙的合理补充，可帮助系统应对网络攻击，扩展了系统管理员的安全管理能力（包括安全审计、监视、进攻识别和响应），提高了信息安全基础结构的完整性。它从计算机网络系统中的若干关键点收集信息，并分析这些信息，查看网络中是否有违反安全策略的行为和遭到袭击的迹象。

根据数据来源，入侵检测可以分为以下两类。

1. 基于主机的入侵检测

系统的数据主要来自操作系统跟踪日志、审计记录和主动与主机系统进行交互获得的不存在于系统日志中的信息。它通过监视系统运行情况检测入侵。这种类型的检测系统不需要额外的硬件。对网络流量不敏感、效率高，能准确定位入侵并及时进行反应，但能检测到的攻击类型有限，占用主机资源，依赖于主机的可靠性，不能检测网络攻击。

2. 基于网络的入侵检测

网络入侵检测系统的数据来源为原始的网络分组数据包。它通过在计算机网络中的某些点被动地监听网络中传输的原始流量，对所获取的网络数据进行处理，从中提取有用的信息，再与已知攻击特征相匹配或与正常网络行为原型做比较来识别攻击事件。它的优势在于它的实时性，当检测到攻击时，就能很快地做出反应。另外它可以在一个点上监测整个网络中的数据包，并且不依靠操作系统提供数据。但它的缺点是，只能检测流过自身网段的数据流，无法了解主机内部的安全情况，而且网络传输的速度快、流量大，从而导致检测的精确度较差，存在漏检。

9.4.2　欺诈检测

欺诈检测主要包括信用卡欺诈、互联网广告反作弊、电商反刷单等。

1. 信用卡欺诈

信用卡欺诈是指信用卡遭人假冒申请、盗领、伪造、偷窃等发生损失的风险等。在国外，目前由信用卡欺诈造成的损失绝大部分是由发卡行来承担。以欺诈者在信用卡交易中的不同角色进行分类，欺诈来源可以分为商家欺诈、持卡人欺诈和第三方欺诈。

商家欺诈： 商家欺诈来源于合法商家的不法雇员或者与欺诈者勾结的不法商家。在现实中，商家雇员有条件接触到顾客的卡信息，甚至持卡离开顾客的视线，这都给不法雇员带来了复制或保留信用卡信息的机会。在电商平台里，商家可能会对客户数据库进行加密与防火墙保护，但也难免会泄露给本单位的雇员。不法商家通过互联网可以更加隐蔽地伪装自己，通过与知名商家相近的域名或者邮件引导消费者登录自己的网址。消费者难以识别互联网商家的真伪，很容易提交支付信息。当消费者因没有收到货物等原因联络商家的时候，自己的信用卡可能已被盗刷。

持卡人欺诈： 这类欺诈是由不道德的真实持卡人进行的。通常是持卡人充分利用信用卡的责任条款，在收到货物后提出异议，称没有进行交易或者没有收到货物。信用卡国际组织引入的风险管理技术有助于跟踪持卡人的交易习惯，当发卡行觉察到某个持卡人习惯性地提出异议时，便有可能采取措施。但持卡人可能不断地更换银行，这也加大了跟踪的难度。

第三方欺诈： 大多数信用卡欺诈来自第三方，即不法分子非法获取他人信息，并利用这些信息伪造或骗领信用卡进行交易。非法获取信息的渠道是多种多样的，并可采用不同的欺诈方式。

2. 互联网广告反作弊

互联网的发展改变了人们的生活习惯，人们花在互联网上的时间已经超过看电视的时间。相应地，互联网广告也已超越传统媒体，成为影响力最大的广告渠道。根据《2015 中国互联网数字营销趋势报告》，互联网广告支出预算占广告总预算六成以上，数字营销（互联网广告）已经超越电视渠道成为广告主最为重视的投放途径。和传统的电视广告相比，互联网广告更加灵活，可以和用户互动，甚至可以直接促成用户点击、注册和下单，这些都是传统电视广告完全不能比拟的。互联网广告繁荣的同时，也滋生了一系列乱象。网络广告行业组织交互广告署援引的数据称，约 36% 的互联网流量被认为是虚假的，是由黑客控制的计算机生成的。所谓的僵尸流量欺骗了广告客户，因为通常情况下只要广告显示出来——无论是否被用户看到，广告客户就需要付费。行骗者利用虚假流量哄抬网站流量，通过中间商向广告客户收费。安全专家指出，行骗者的身份很难界定，他们通常远程操控网站，例如他们可能身处东欧地区等。

根据全美广告商协会（Association of National Advertiser）的估计，虚假点击在 2017 年会给广告主们带来 72 亿美元的损失，这一数字比 2015 年的 63 亿美元增长了将近 10 亿美元，虚假点击量占整个互联网广告点击量的比例超过了十分之一。甚至连媒体平台也会主动造假：原 WE 队员微笑在斗鱼直播时，其显示观看人数竟然超过"13 亿"！而 2015 年中国全国人口数量才 13.6 亿。2016 年上半年，AdMaster 的广告反欺诈监测系统平均每天可识别出高达 28% 的虚假流量。

常见的作弊类型有以下几种。

❏ 曝光作弊：可能把广告展现在一些完全没有商业价值的垃圾流量上。

❏ 点击作弊：利用机器、人工或诱导用户点击，例如把广告换成一个美女图片，吸引完全不符合广告意图的点击。另外，竞争对手还可能进行恶意点击。

❏ 转化作弊：在注册、激活、下单等不同场景下通过自动化程序模拟真人行为。

业界如何反作弊呢？鉴于很难绝对根除作弊行为，一般采用无限压缩作弊行为在正常商业行为中的比例的方案，核心思路就是让作弊成本剧增。

❏ 排重：添加监测链接，通过 Cookie、设备号或 IP 排重。

❏ 频度控制、SDK 加密防护、人工介入监控。

❏ 点击有效期：限制点击的有效期，在有效期内，后续转化归属相应平台，如超时则不予计算。

❏ 异常数据黑名单：对点击记录超过一定范围的标记为黑名单，长期过滤。

❏ 归因时间差监控：归因时间差是指从点击到下载激活的时间。一般作弊时，伪造点击与激活是并存的，所以往往在时间逻辑上是错误的。

❏ 增加行为操作的复杂度：这种方法可能伤害用户。

3. 电商反刷单

电商刷单一般是由买家提供购买费用，购买指定网店卖家的商品，提高它的销量和信用度，并填写虚假好评的行为。通过这种方式，网店可以获得较好的搜索排名，比如，在平台上"按销量"搜索时，该店铺会因为销量大（即便是虚假的）更容易被买家找到。电商刷单一般可分为两种：为了制造爆款的刷销量和以提高店铺整体信誉度的刷信誉。

电商之所以刷单，是因为电商平台一般会按照销量或信誉对商品进行排名，电商只有把销售量或信誉刷上去，商品的人气和店铺流量才能上去，否则只会淹没在数千万家网店中。"买家"购物打款、卖家再发虚假快递、"买家"最终还会签收和评价,操作流程与正常购买无异,因此很难被发现。

电商刷单的主要危害有以下两点。

1)扰乱网购市场秩序。由于在网购交易平台上,两家网店在销售同样的商品且价格差别不大的情况下,消费者往往会更倾向于选择销量高、评价多的商家购买,所以部分商家雇用水军刷单、刷信誉,必然使其他恪守公平、诚信、自愿、守信等市场基本准则的商家受到市场无情的挤压;加之网店销量靠前,其搜索量才能靠前,所以有的诚信网店不"刷单"就没有生存空间,久而久之,就会形成"劣币驱除良币"的互联网营销生态,严重扰乱网购市场公平竞争秩序。

2)侵犯消费者合法权益。一方面,"刷单"需要支付一定金额的佣金,且商品价格越高,佣金越高,这在一定程度上拉高了商家的成本,而"羊毛出在羊身上",这一部分成本自然会转嫁到消费者身上,让消费者在毫不知情的情况下为"刷单"行为买单。另一方面,部分披着国外代购虚假外衣或选择国内优秀品牌进行高仿的造假者,通过"刷单"制造让人信服的好评店铺,这不仅妨碍了消费者的正确选择和判断,更可能使假货、高仿货充斥市场。

9.4.3 社交假新闻

一起事件若有多个目击者,他们同时借助社交媒体(如微博、朋友圈等)发布信息,他们的不同描述会相互补充,当所有目击者的信息汇总后,就能在一定程度上还原该事件。但是实际上,众多的目击者不一定能及时发声。而社交媒体强大的传播能力很容易被不法分子用来故意制造假新闻,从而引发社会混乱,如图 9-10 所示。UGC 和自媒体等在一定程度上丰富了新闻的来源、提高了对事件进行报道的及时性,但消息的发布者大多不是专业的新闻工作者,对于事件的真实性缺乏调查。为了避免谣言的传播,造成不良社会影响,Facebook 和 Google 都推出了"事实检查"类功能,打击假新闻,帮助读者分辨重大新闻报道的真伪。

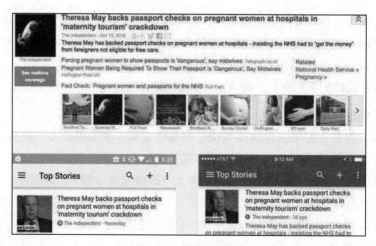

图 9-10　假新闻示例

9.4.4 医疗和公共卫生

在许多国家，医院和医疗诊所向国家机构报告各种统计数据，以供进一步分析。例如：如果一座城市的所有孩子都接种了某种特定疾病的疫苗，则散布在该城市各医院的少量病例是异常事件，这可能指示出该城市疫苗接种程序方面的问题。该领域的异常检测通常都会使用病人的病历记录，而这些数据可能由于若干原因具有异常患者状况信息或仪器错误、记录错误，因此异常检测遭遇到了更大的挑战，这时通常采用半监督方法，通过使用健康患者的标记数据来发现异常。

9.5 新闻 App 数据异常检测实践

下面基于某新闻 App 的用户行为数据进行异常检测实践，我们一般认为数据异常检测属于数据预处理的一部分，数据预处理是大数据分析和挖掘的基础。

9.5.1 准备数据

对于用于异常检测的某新闻 App 的用户行为数据，对用户做了脱敏处理，该数据包含用户在新闻 App 中的主要行为记录，文件名为 action.txt。

数据格式如下：

```
userid~ docid ~behaivor~time~ip
```

字段含义如下。

❏ userid：用户 ID，用户的唯一标识；

❏ docid：行为 ID，新闻的唯一标识；

❏ behavior：行为，0 代表用户浏览了新闻，1 表示用户点击了新闻；

❏ time：用户行为发生的时间；

❏ ip：用户 IP 地址。

样例如下。

```
160520092238579653~160704235940001~0~20160705000040909~1.49.185.165
160520092238579653~160704235859003~0~20160705000040909~1.49.185.165
```

除了用户行为数据之外，还使用了用于异常检测的新闻数据，其包含文档所对应的信息，文件名为 document.txt。

数据格式如下：

```
docid ~ channelname ~ source ~ keyword:score
```

字段含义如下。

❏ docid：行为 ID，新闻的唯一标识；

❑ channelname：新闻频道名称；

❑ source：新闻频道来源；

❑ keyword: score：新闻中的关键词和得分。

样例如下。

```
160705131650005~科技~偏执电商~支付宝:0.17621  医疗:0.14105  复星:0.07106  动
作:0.05235 邮局:0.04428
160705024106002~体育~平大爷的刺~阿杜:0.23158  杜兰特:0.09447  巨头:0.08470  拯救
者:0.06638 勇士:0.05453
```

这份数据是对原始用户行为数据进行初步预处理后得到的，数据质量很高，已经包含了我们所需要的用户行为数据和新闻数据的关键要素。

9.5.2　数据预处理

将原始输入的数据加工成便于分布式计算的格式，并进行输出。将 action 数据格式化为集合 (userid,docid,actionTag,time,ip) 的形式，代码如下：

```
// 加工用户行为日志数据，解析有效数据
val actionLog = sc.textFile(actionInPath).map{
  case line => {
val Array(uid,docId,actionTag,time,ip) = line.split("~",-1)
    (uid,docId,tag,time,ip)
  }
}.cache()
actionLog.saveAsTextFile(output+"/action")
```

输出结果：

```
(160520092238579653,160704235940001,0,20160705000040909,1.49.185.165)
(160520092238579653,160704235859003,0,20160705000040909,1.49.185.165)
(160520092238579653,160704234607002,0,20160705000040909,1.49.185.165)
(160520092238579653,160704223727001,0,20160705000040909,1.49.185.165)
(160520092238579653,160704183558001,0,20160705000040909,1.49.185.165)
(160520092238579653,160704142635002,0,20160705000040909,1.49.185.165)
(160307154606364853,160704223633001,1,20160705000041207,117.88.46.74)
(160512183957691026,160528191804001,1,20160705000135375,222.215.111.83)
(150923180951594136,160704234045003,0,20160705000158603,110.82.127.245)
```

数据预处理完毕后，接下来，我们对数据进行异常检测。

9.5.3　异常检测

根据业务需要清洗曝光、点击的日志数据，根据只有当天曝光的点击才有效，过滤掉异常点击数据，代码如下：

```
// 过滤掉异常点击，只有当天曝光的点击才有效
```

```
val validActionLog = clickFilter(actionLog)
def clickFilter(allClickLog:RDD[(String,String,String,String,String)])
:RDD[(String,String,String,String)] = {
  val validClick = allClickLog.map{
case (uid,docId,actionTag,time,ip) =>
      // 取时间前 8 位，如 20160705000040909 的前 8 位 20160705，并将 (uid,docId,time) 设为
      // 主键，进行分组
      ((uid,docId,time.substring(0,8)),actionTag)
  }
    .groupByKey()
    .filter{
    case ((uid,docId,date),iter) => {
        val tmp = iter.toSet
        tmp.contains("0") // 保留数据集中有曝光的记录
    }
    }
    .flatMap{
      case ((uid,docId,date),iter) => iter.map{
        case (action) => (uid,docId,date,action)
      }
    }
  validClick
}
```

以每日活跃用户为例，统计每日有多少用户使用该新闻 App，使用数据预处理输出的有效用户行为日志，并对每日用户进行去重，确保一个用户只计算一次。

```
// 定义计算方法
def dayStat(validClick:RDD[(String,String,String,String)],
            docLog:RDD[(String,String,String,String)],
            dayStatPath:String):Unit = {

// 日活跃用户计算
  val dayActive = validClick.map{
case (uid,docId,date,actionTag) => (date,uid)
}
    .distinct()
    .map{
      case (date,uid) => (date,1)
    }
    .reduceByKey(_ + _)
    .cache()
    // 输出每日活跃用户数
    dayActive.saveAsTextFile(dayStatPath+"/dayActive")
}
```

转换数据格式，计算每日活跃用户的均值和方差。

```
// 转换数据格式
val dayActivedata = dayActive.map{
```

```
    case(date,dayActives)=>Vectors.dense(dayActives.toDouble)
}
// 统计方法
val summary: MultivariateStatisticalSummary =
Statistics.colStats(dayActivedata)
// 均值、方差
println("Mean:"+summary.mean)
println("Variance:"+summary.variance)
```

使用测试集，经过测试会得出如下结果：

```
Mean:[4889.0]
Variance:[4.2209672E7]
```

设定检测点，并根据均值和方差进行异常值比较，检测出异常数据。如对用户每日活跃情况进行统计，并通过 Excel 表格实现简单的可视化呈现，每日活跃用户以及活跃用户数量变化趋势如图 9-11 所示。

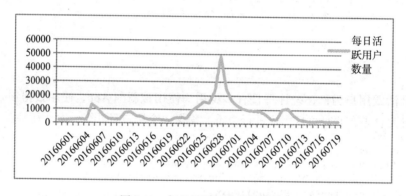

图 9-11　每日活跃用户数量示意

从中可以看出，2016 年 7 月 1 日这一天的用户活跃量异常，经过分析，发现当天做了活动推广，直接导致用户活跃量增加。

9.6　本章小结

本章介绍了异常和异常检测的基本方法，通过本章的学习，读者可以对异常有清晰的认识，理解如何构建一个异常检测系统，并深入了解异常检测的使用场景。

在大数据背景下，大数据技术在异常检测应用领域中将不断拓展，异常检测已变得和生活息息相关，如何选择合适的方式，发现深层的异常，并基于异常结果分析原因，找出解决之道，已成为充分发挥数据价值、使大数据领域欣欣向荣的关键所在。

第 10 章 Chapter 10

用户画像

圣人去甚，去奢，去泰。

——《道德经》第二十九章

圣人要去除极端，去除奢侈，去除过度。

道来源于生活，老子通过观察社会和身边的生活，总结出"去甚，去奢，去泰"的道理，告诉我们应该摒弃过头、过分、过火的措施和行为。从另一个层面，老子通过"去甚，去奢，去泰"也勾画出一个简单的轮廓，有助于我们更深刻地了解什么样的人是圣人。总览《道德经》，既是一个体验道的过程，也是一个描述圣人画像的过程。

本章重点讲述用户画像，告诉大家什么是用户画像、为什么需要用户画像，以及用户画像的构建流程和构建用户画像的常用技术，介绍如何对用户画像进行效果评估和使用，最后使用用户的新闻 App 行为数据进行用户画像的实践。

10.1 用户画像概述

用户标签是个性化推荐、计算广告、金融征信等众多大数据业务应用的基础，它是原始的用户行为数据和大数据应用之间的桥梁，本章会介绍用户标签的构建方法，也就是用户画像技术。

10.1.1 什么是用户画像

现代交互设计之父 Alan Cooper 很早就提出了 Persona 的概念：Persona 是真实用户的

虚拟代表，是建立在一系列真实数据之上的目标用户模型，用于产品需求挖掘与交互设计。通过调研和问卷去了解用户，根据他们的目标、行为和观点的差异，将他们区分为不同的类型，然后从每种类型中抽取出典型特征，赋予名字、照片、人口统计学要素、场景等描述，就形成了一个 Persona。Persona 就是最早对用户画像的定义，随着时代的发展，用户画像早已不再局限于早期的这些维度，但用户画像的核心依然是真实用户的虚拟化表示。

在大数据时代，用户画像尤其重要。我们通过一些手段，给用户的习惯、行为、属性贴上一系列标签，抽象出一个用户的全貌，为广告推荐、内容分发、活动营销等诸多互联网业务提供了可能性。它是计算广告、个性化推荐、智能营销等大数据技术的基础，毫不夸张地说，用户画像是大数据业务和技术的基石。

用户画像的核心工作就是给用户打标签，标签通常是人为规定的高度精炼的特征标识，如年龄、性别、地域、兴趣等。由这些标签集合能抽象出一个用户的信息全貌，如图 10-1 所示是某个用户的标签集合，每个标签分别描述了该用户的一个维度，各个维度相互联系，共同构成对用户的一个整体描述。

图 10-1　用户标签集合

10.1.2　为什么需要用户画像

Cooper 最初建立 Persona 的目的是让团队成员将产品设计的焦点放在目标用户的动机和行为上，从而避免产品设计人员草率地代表用户。产品设计人员经常不自觉地把自己当作用户代表，根据自己的需求设计产品，导致无法抓住实际用户的需求。往往对产品做了很多功能的升级，用户却觉得体验变差了。

在大数据领域，用户画像的作用远不止于此。如图 10-2 所示，用户的行为数据无法直接用于数据分析和模型训练，我们也无法从用户的行为日志中直接获取有用的信息。而将用户的行为数据标签化以后，我们对用户就有了一个直观的认识。同时计算机也能够理解用户，将用户的行为信息用于个性化推荐、个性化搜索、广告精准投放和智能营销等领域。

用户画像前	行为日志		网络日志		服务日志

用户 ID	年龄	性别	教育程度	兴趣
2124214	27	男	高中	{汽车：0.1，体育：0.3}
2235325	35	女	博士	{科技：0.2，电影：0.7}

图 10-2　用户标签化

对于一个产品，尤其是互联网产品，建立完善的用户画像体系，有着重大的战略意义。基于用户画像能够构建一套分析平台，用于产品定位、竞品分析、营收分析等，为产品的方向与决策提供数据支持和事实依据。在产品的运营和优化中，根据用户画像能够深入用户需求，从而设计出更适合用户的产品，提升用户体验。

10.2　用户画像流程

用户画像的核心工作就是给用户打"标签"，构建用户画像的第一步就是搞清楚需要构建什么样的标签，而构建什么样的标签是由业务需求和数据的实际情况决定的。下面介绍构建用户画像的整体流程和一些常用的标签体系。

10.2.1　整体流程

业内关于构建用户画像的方法有很多，比如 Alen Cooper 的"七步人物角色法"，Lene Nielsen 的"十步人物角色法"等。这些都值得我们借鉴，但这些方法是基于产品设计的需要提出的，在其他领域（如互联网广告营销、个性化推荐）可能不够通用。对构建用户画像的方法进行总结归纳，发现用户画像的构建一般可以分为目标分析、标签体系构建、画像构建三步，下面详细介绍每一步的工作。

1. 目标分析

用户画像构建的目的不尽相同，有的是实现精准营销，增加产品销量；有的是进行产品改进，提升用户体验。明确用户画像的目标是构建用户画像的第一步，也是设计标签体系的基础。

目标分析一般可以分为业务目标分析和可用数据分析两步。目标分析的结果有两个：一个是画像的目标，也就是画像的效果评估标准；另一个是可用于画像的数据。画像的目标确立要建立在对数据深入分析的基础上，脱离数据制定的画像目标是没有意义的。

2. 标签体系构建

分析完已有数据和画像目标之后，还不能直接进行画像建模工作，在画像建模开始之前需要先进行标签体系的制定。对于标签体系的制定，既需要业务知识，也需要大数据知识，因此在制定标签体系时，最好有本领域的专家和大数据工程师共同参与。

在制定标签体系时，可以参考业界的标签体系，尤其是同行业的标签体系。用业界已有的成熟方案解决目标业务问题，不仅可以扩充思路，技术可行性也会比较高。

此外，需要明确的一点是：标签体系不是一成不变的，随着业务的发展，标签体系也会发生变化。例如电商行业的用户标签，最初只需要消费偏好标签，GPS 标签既难以刻画也没有使用场景。随着智能手机的普及，GPS 数据变得易于获取，而且线下营销也越来越注重场景化，因此 GPS 标签也有了构建的意义。

3. 画像构建

基于用户基础数据，根据构建好的标签体系，就可以进行画像构建的工作了。用户标签的刻画是一个长期的工作，不可能一步到位，需要不断地扩充和优化。一次性构建中如果数据维度过多，可能会有目标不明确、需求相互冲突、构建效率低等问题，因此在构建过程中建议将项目进行分期，每一期只构建某一类标签。

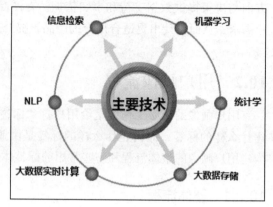

画像构建中用到的技术有数据统计、机器学习和自然语言处理技术（NLP）等，如图 10-3 所示。具体的画像构建方法会在本章后面的部分详细介绍。

图 10-3　用户画像的构建技术

10.2.2　标签体系

目前主流的标签体系都是层次化的，如图 10-4 所示。首先标签分为几个大类，每个大类再进行逐层细分。在构建标签时，只需要构建最下层的标签，就能够映射出上面两级标签。上层标签都是抽象的标签集合，一般没有实用意义，只有统计意义。例如我们可以统计有人口属性标签的用户比例，但用户有人口属性标签，这本身对广告投放没有任何意义。

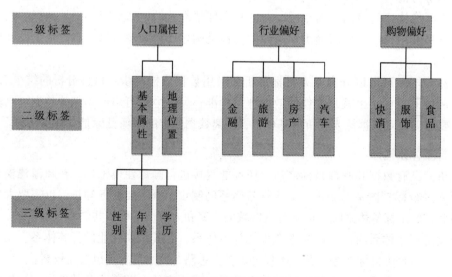

图 10-4　互联网大数据领域常用的标签体系

用于广告投放和精准营销的一般是底层标签，对于底层标签有两个要求：一个是每个标签只能表示一种含义，避免标签之间的重复和冲突，便于计算机处理；另一个是标签必须有一定的语义，方便相关人员理解每个标签的含义。此外，标签的粒度也是需要注意的，标签粒度太粗会没有区分度，粒度过细会导致标签体系太过复杂而不具有通用性。

表 10-1 列举了各个标签大类常见的底层标签。

表 10-1　常见标签

标签类别	标签内容
人口标签	性别、年龄、地域、教育水平、出生日期、职业、星座
兴趣特征	兴趣爱好、使用 App/ 网站、浏览 / 收藏内容、互动内容、品牌偏好、产品偏好
社会特征	婚姻状况、家庭情况、社交 / 信息渠道偏好
消费特征	收入状况、购买力水平、已购商品、购买渠道偏好、最后购买时间、购买频次

最后介绍一下构建各类标签的优先级。对此需要综合考虑业务需求、构建难易程度等，业务需求各有不同，这里介绍的优先级排序方法主要依据构建的难易程度和各类标签的依存关系，优先级如图 10-5 所示。

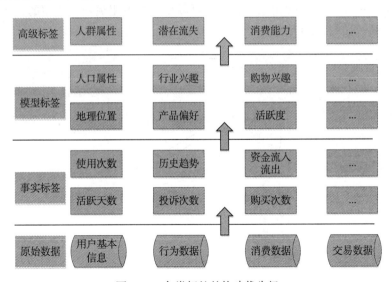

图 10-5　各类标签的构建优先级

基于原始数据首先构建的是事实标签，事实标签可以从数据库直接获取（如注册信息），或通过简单的统计得到。这类标签的构建难度低、实际含义明确，且部分标签可用作后续标签挖掘的基础特征（如产品购买次数可用作用户购物偏好的输入特征数据）。事实标签的构造过程，也是对数据加深理解的过程。对数据进行统计的同时，不仅完成了数据的处理与加工，也对数据的分布有了一定的了解，为高级标签的构建做好了准备。

模型标签是标签体系的核心，也是用户画像中工作量最大的部分，大多数用户标签的核心都是模型标签。模型标签的构建大多需要用到机器学习和自然语言处理技术，下文介绍的标签构建主要指的是模型标签构建，具体的构造算法会在 10.3 节详细介绍。

最后构建的是高级标签，高级标签是基于事实标签和模型标签进行统计建模得出的，它的构建多与实际的业务指标紧密联系。只有完成基础标签的构建，才能够构建高级标签。构建高级标签使用的模型，可以是简单的数据统计模型，也可以是复杂的机器学习模型。

10.3 构建用户画像

在这一节中，我们主要探讨基于行为日志挖掘用户标签的方法。我们把标签分为三类，这三类标签有较大的差异，构建时所用技术的差别也很大。

第一类是人口属性，这一类标签比较稳定，一旦建立，很长一段时间基本不用更新，标签体系也比较固定；第二类是兴趣属性，这类标签随时间变化很快，标签有很强的时效性，标签体系也不固定；第三类是地理属性，这一类标签的时效性跨度很大，如 GPS 轨迹标签需要做到实时更新，而常住地标签一般可以几个月不用更新，所用的挖掘方法和前面两类也大有不同，如图 10-6 所示。

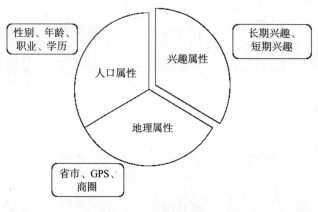

图 10-6　三类标签属性

10.3.1　人口属性画像

人口属性包括年龄、性别、学历、人生阶段、收入水平、消费水平、所属行业等。这些标签基本是稳定的，构建一次可以很长一段时间不用更新，标签的有效期都在一个月以上。同时标签体系的划分也比较固定，表 10-2 是中国无线营销联盟对人口属性的一个划分。大部分主流的人口属性标签都和这个体系类似，有些在分段上有一些区别。

很多产品（如 QQ、Facebook 等）都会引导用户填写基本信息，这些信息就包括年龄、性别、收入等大多数的人口属性，但完整填写个人信息的用户只占很少一部分。对于无社交属性的产品（如输入法、团购 App、视频网站等），用户信息的填充率非常低，有的甚至不足 5%。在这种情况下，一般会用填写了信息的用户作为样本，把用户的行为数据作为特征训练模型，对无标签的用户进行人口属性的预测。这种模型把有标签用户的标签传给与他行为相似的用户，可以认为是对人群进行了标签扩散，因此常被称为标签扩散模型。下面使用视频网站性别年龄画像的例子来说明标签扩散模型是如何构建的。

表 10-2　人口属性标签

性别	男	性别	男
	女		女
	未知		未知
年龄（岁）	12 以下	从事行业	广告 / 营销 / 公关
	12 ～ 17		航天
	18 ～ 19		农林化工
	20 ～ 24		汽车
	25 ～ 29		计算机 / 互联网
	30 ～ 34		建筑
	35 ～ 39		教育 / 学生
	40 ～ 44		能源 / 采矿
	45 ～ 49		金融 / 保险 / 房地产
	50 ～ 54		政府 / 军事
	55 ～ 59		服务业
	60 ～ 64		传媒 / 出版 / 娱乐
	65 及以上		医疗 / 保险服务
	未知		制药
月收入	3500 元以下		零售
	3500 ～ 5000 元		电信 / 网络
	5000 ～ 8000 元		旅游 / 交通
	8000 ～ 12 500 元		其他
	12 500 ～ 25 000 元	教育程度	初中及以下
	25 001 ～ 40 000 元		高中
	40 000 元以上		中专
	未知		大专
婚姻状态	未婚		本科
	已婚		硕士
	离异		博士
	未知		

　　某个视频网站希望了解自己的用户组成，于是对用户的性别进行画像。通过数据统计，有大约 30% 的用户在注册时填写了个人信息，将这 30% 的用户作为训练集，以构建全量用户的性别画像，所用数据如表 10-3 所示。

表 10-3　视频网站的用户数据

uid	性别	观看影片
525252	男	Game of throat
532626		Runing men、最强大脑
526267		琅琊榜、伪装者
573373	女	欢乐喜剧人

下面来构建特征。通过分析发现男性和女性对于影片的偏好是有差别的，因此使用用户观看的影片列表预测用户性别有一定的可行性。此外，还可以考虑用户的观看时间、浏览器、观看时长等，为了简化，这里只使用用户观看的影片特征。

由于观看影片特征是稀疏特征，所以可以调用 MLlib，使用 LR、线性 SVM（详见 3.2.1 节和 3.2.3 节）等模型进行训练。考虑到注册用户填写的用户信息的准确性不高，所以可以从 30% 的样本集中提取准确性较高的部分（如用户信息填写较完备的）用于训练，因此整体的训练流程如图 10-7 所示。对于预测性别这样的二分类模型，如果行为的区分度较好，一般准确性和覆盖率都可以达到 70% 左右。

对于人口属性标签，只要有一定的样本标签数据，并找到能够区分标签类别的用户行为特征，就可以构建标签扩散模型。其中使用的技术方法主要是机器学习中的分类技术，常用的模型有 LR、FM、SVM、GBDT 等。

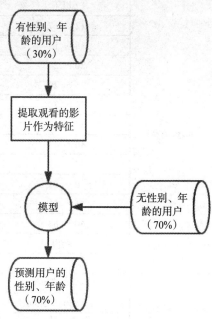

图 10-7　训练流程

10.3.2　兴趣画像

兴趣画像是互联网领域中使用最广泛的画像，互联网广告、个性化推荐、精准营销等领域最核心的标签都是兴趣标签。兴趣画像主要是从用户海量的行为日志中进行核心信息抽取、标签化和统计，因此在构建用户兴趣画像之前需要先对用户有行为的内容进行内容建模。

内容建模需要注意粒度，过细的粒度会导致标签没有泛化能力和使用价值，过粗的粒度会导致标签没有区分度。例如用户在购物网上点击查看了一双“Nike AIR MAX 跑步鞋”，如果用单个商品作为粒度，画像的粒度就过细，结果是只知道用户对“Nike AIR MAX 跑步鞋”有兴趣，在进行商品推荐时，也只能给用户推荐这双鞋；而如果用大品类作为粒度，如“运动户外”，将无法发现用户的核心需求是买鞋，从而会给用户推荐所有的运动用品，如乒乓球拍、篮球等，这样的推荐缺乏准确性，用户的点击率就会很低。

为了保证兴趣画像既有一定的准确性又有较好的泛化性，我们会构建层次化的兴趣标签体系，其中同时用几个粒度的标签去匹配用户兴趣，既保证了标签的准确性，又保证了标签的泛化性。下面以用户的新闻兴趣画像举例，介绍如何构建层次化的兴趣标签。

新闻兴趣画像的处理难度要比购物兴趣画像困难，购物标签体系基本固定，如图 10-8 所示，京东页面已经有成熟的三级类目体系。

图 10-8　三级类目体系

1. 内容建模

新闻数据本身是非结构化的，首先需要人工构建一个层次化的标签体系。考虑如图 10-9 所示的一篇新闻，看看哪些内容可以表示用户的兴趣。

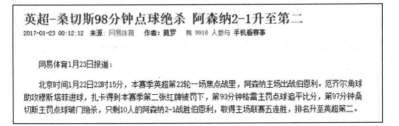

图 10-9　新闻例子

首先，这是一篇体育新闻，体育这个新闻分类可以表示用户兴趣，但是这个标签太粗了，因为用户可能只对足球感兴趣，所以体育这个标签就显得不够准确。

其次，可以使用新闻中的关键词，尤其是里面的专有名词（人名、机构名），如"桑切斯""阿森纳""厄齐尔"，这些词也表示了用户的兴趣。关键词的主要问题在于粒度太细，如果某天的新闻里没有这些关键词，就无法给用户推荐内容。

最后，我们希望有一个中间粒度的标签，既有一定的准确度，又有一定的泛化能力。于是我们尝试对关键词进行聚类，把一类关键词当成一个标签，或者拆分一个分类下的新闻，生成像"足球"这种粒度介于关键词和分类之间的主题标签。我们可以使用文本主题聚类完成主题标签的构建。

至此，就完成了对新闻内容从粗到细的"分类 - 主题 - 关键词"三层标签体系的内容建模，新闻的三层标签如表 10-4 所示。

表 10-4　三层标签体系

	分　类	主　题	关键词
使用算法	文本分类、SVM、LR、Bayes	PLSA、LDA	Tf*idf、专门识别、领域词表
粒度	粗	中	细
泛化性	好	中	差
举例	体育、财经、娱乐	足球、理财	梅西、川普、机器学习
量级	$10 \sim 30$	$100 \sim 1000$	百万

可能读者会有疑问，既然主题的准确度和覆盖率都不错，我们只使用主题不就可以了吗？为什么还要构建分类和关键词这两层标签呢？这么做是为了针对用户进行尽可能精确和全面的内容推荐。当用户的关键词命中新闻时，显然能够给用户更准确的推荐，这时就不需要再使用主题标签；而对于比较小众的主题（如体育类的冰上运动主题），若当天没有新闻覆盖，就可以根据分类标签进行推荐。层次标签兼顾了刻画用户兴趣的覆盖率和准确性。

2. 兴趣衰减

在完成内容建模以后，就可以根据用户点击，计算用户对分类、主题、关键词的兴趣，得到用户兴趣标签的权重。最简单的计数方法是，用户点击一篇新闻，就把用户对该篇新闻的所有标签兴趣值上加 1，用户对每个词的兴趣计算使用如下的公式：

$$\text{score}_{i+1} = \text{score}_i + C \times \text{weight}$$

其中，词在这次浏览的新闻中出现，则 $C=1$，否则 $C=0$，weight 表示词在这篇新闻中的权重。

这样做有两个问题：一个是用户的兴趣累加是线性的，数值会非常大，老的兴趣权重会特别高；另一个是用户的兴趣有很强的时效性，对一篇新闻昨天的点击要比一个月之前的点击重要的多，线性叠加无法突出用户的近期兴趣。为了解决这个问题，需要对用户兴趣得分进行衰减，可使用如下的方法对兴趣得分进行次数衰减和时间衰减。

次数衰减的公式如下：

$$\text{score}_{i+1} = \alpha \times \text{score}_i + C \times \text{weight}, \ 0 < \alpha < 1$$

其中，α 是衰减因子，每次都对上一次的分数做衰减，最终得分会收敛到一个稳定值，α 取 0.9 时，得分会无限接近 10。

时间衰减的公式如下：

$$\text{score}_{\text{day}+1} = \text{score}_{\text{day}} \times \beta, \ 0 < \beta < 1$$

它表示根据时间对兴趣进行衰减，这样做可以保证时间较早期的兴趣会在一段时间以后变得非常弱，同时近期的兴趣会有更大的权重。根据用户兴趣变化的速度、用户活跃度等因素，也可以对兴趣进行周级别、月级别或小时级别的衰减。

10.3.3 地理位置画像

地理位置画像一般分为两部分：一部分是常驻地画像；一部分是 GPS 画像。这两类画像的差别很大，常驻地画像比较容易构造且标签比较稳定，GPS 画像需要实时更新。

常驻地包括国家、省份、城市三级，一般只细化到城市粒度。在常驻地挖掘中，对用户的 IP 地址进行解析，并对应到相应的城市，再对用户 IP 出现的城市进行统计就可以得到常驻城市标签。用户的常驻城市标签不仅可以用来统计各个地域的用户分布，还可以根据用户在各个城市之间的出行轨迹识别出差人群、旅游人群等。

GPS 数据一般从手机端收集，但很多手机 App 没有获取用户 GPS 信息的权限。能够获取用户 GPS 信息的主要是百度地图、滴滴打车等出行导航类 App，此外收集到的用户 GPS 数据比较稀疏。第 4 章介绍了使用 DBSCAN 算法对 GPS 数据进行聚类，这也是对 GPS 数据进行标签挖掘的常用方法。百度地图使用该方法并结合时间段数据，构建了用户公司和家的 GPS 标签。此外百度地图还基于 GPS 信息，统计各条路上的车流量，进行路况分析，图 10-10 所示是北京市某天的实时路况图，黑色表示拥堵线路。

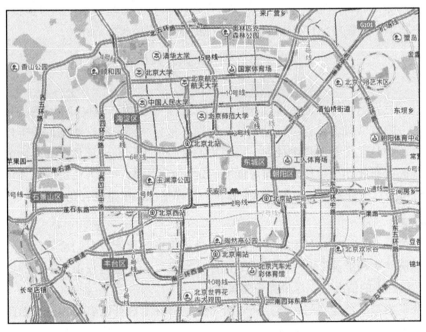

图 10-10　北京的实时路况图

10.4　用户画像评估和使用

人口属性画像的相关指标比较容易评估，而兴趣画像的标签比较模糊，所以人为评估比较困难，对于兴趣画像的常用评估方法是设计小流量的 A/B 测试进行验证。可以筛选一部分打了标签的用户，给这部分用户进行和标签相关的推送，看他们对相关内容是否有更好的反馈。例如，在新闻推荐中，我们给用户构建了兴趣画像，从体育类兴趣用户中选取一小批用户，给他们推送体育类新闻，如果这批用户对新闻的点击率和阅读时长明显高于平均水平，就说明标签是有效的。

10.4.1 效果评估

评估使用用户画像的效果最直接的方法就是，看其提升了多少实际业务，如在互联网广告投放中，用户画像的使用效果主要是看它提升了多少点击率和收入，在精准营销过程中，主要是看使用用户画像后销量提升了多少等。但是如果把一个没有经过效果评估的模型直接用在线上，风险是很大的，因此我们需要一些在上线前可计算的指标来衡量用户画像的质量。

用户画像的评估指标主要是准确率、覆盖率、时效性等。

1. 准确率

标签的准确率指的是被打上正确标签的用户比例。准确率是用户画像最核心的指标，一个准确率很低的标签是没有应用价值的。准确率的计算公式如下：

$$准确率 = \frac{|U_{\text{tag=true}}|}{|U_{\text{tag}}|}$$

其中，$|U_{\text{tag}}|$ 表示被打上标签的用户数，$|U_{\text{tag=ture}}|$ 表示有标签用户中被打对标签的用户数。准确率的评估一般有两种方法：一种是在标注数据集里分一部分测试数据，用于计算模型的准确率；另一种是在全量用户中抽取一批用户，进行人工标注，评估准确率。由于初始的标注数据集的分布相比全量用户分布可能有一定偏差，故后一种方法的数据更可信。准确率一般是对每个标签分别评估，多个标签放在一起评估准确率是没有意义的。

2. 覆盖率

标签的覆盖率指的是被打上标签的用户占全量用户的比例，我们希望标签的覆盖率尽可能高。单覆盖率和准确率是一对矛盾的指标，需要对二者进行权衡，一般的做法是在准确率符合一定标准的情况下，尽量提升覆盖率。

我们希望覆盖尽可能多的用户，同时给每个用户打上尽可能多的标签，因此标签整体的覆盖率一般拆解为两个指标来评估。一个是标签覆盖的用户比例，另一个是覆盖用户的人均标签数，前一个指标是覆盖的广度，后一个指标表示覆盖的密度。

用户覆盖率（coverage）比例的计算方法是：

$$coverage = \frac{|U_{\text{tag}}|}{|U|}$$

其中，$|U|$ 表示用户的总数，$|U_{\text{tag}}|$ 表示被打上标签的用户数。

人均标签数（average）的计算方法是：

$$average = \frac{\sum_{i=1}^{n} tag_i}{|U_{tag}|}$$

其中，tag_i 表示每个用户的标签数，$|U_{tag}|$ 表示被打上标签的用户数。既可以对单一标签计算覆盖率，也可以对某一类标签计算覆盖率，还可以对全量标签计算覆盖率，这些都是有统计意义的。

3. 时效性

有些标签的时效性很强，如兴趣标签、出现轨迹标签等，一周之前的标签没有意义；有些标签基本没有时效性，如性别、年龄等，可以有一年到几年的有效期。对于不同的标签，需要建立合理的更新机制，以保证标签在时间上的有效性。

4. 其他指标

标签还需要有一定的可解释性，便于理解；同时需要便于维护且有一定的可扩展性，方便后续标签的添加。这些指标难以有量化的标准，但在构架用户画像时也需要注意。

10.4.2　用户画像使用

构建好用户画像并做了评估之后，就可以在业务中使用它。对此，一般需要一个可视化平台，对标签进行查看和检索。用户画像的可视化过程中，一般使用饼图、柱状图等对标签的覆盖人数、覆盖比例等指标做形象的展示，如图 10-11 所示是用户画像的一个可视化界面。

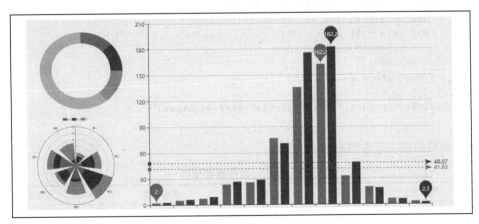

图 10-11　用户画像的可视化界面

此外，对于所构建的用户画像，还可以使用不同维度的标签，进行高级的组合分析，产出高质量的分析报告。用户画像可以应用在智能营销、计算广告、个性化推荐等领域，具体的使用方法与应用领域紧密结合，在此不再详细介绍。

10.5 新闻 App 用户画像实践

下面使用第 9 章提到的用户数据，来进行用户画像实践，数据介绍见 9.5 节。首先基于用户行为数据进行事实标签的构建，再结合新闻的用户画像数据，进行用户兴趣标签的构建。

10.5.1 事实标签构建

新闻客户端的用户行为主要是浏览和点击两类，所构建的事实标签包括用户的浏览次数、点击次数和点击率，代码实现如下：

```
def basicTag(input: String, output: String) = {
  val conf = new SparkConf().setMaster("local").setAppName("User Draw")
  val sc = new SparkContext(conf)
  val data = sc.textFile(input)
  val basicTags = data
.map(x => x.split("~"))
    .map(x => (x(1), x(2).toInt))
    .map(x => (x,1))
    // 统计用户的各类行为数
.reduceByKey(_+_)
    .map{
      case((userId,behavior),cnt) => (userId,(behavior,cnt))
    }
    // 合并一个用户的信息，并计算点击率
.groupByKey().map{
    case(userId,tags) =>
      val tg = tags.toMap
      val click = tg.get(1).getOrElse(0)
      val show = tg.get(0).getOrElse(0)
      val rate = if(show > 0){
         click.toDouble / show
        }else{0}
      (userId,show,click,rate)
    }
    basicTags.repartition(1).saveAsTextFile(output)
}
```

部分用户的事实标签如表 10-5 所示。

表 10-5   用户事实标签

用户 ID	浏览次数	点击次数	点击率
150726170318616845	7	1	0.142 857
160109112947092086	7	0	0
160417164138208914	23	1	0.043 478
150625123333700629	7	0	0
150523011443599397	67	2	0.029 851

(续)

用户 ID	浏览次数	点击次数	点击率
151203154403743579	7	0	0
160512235714894022	6	2	0.333 333
160625135444348338	137	8	0.058 394

统计用户事实标签的分布,可以得到用户的浏览次数、点击次数和点击率分布,如图 10-12 所示。可以看到大多数用户的浏览次数都小于 10、点击次数为 0,点击率为 0,他们是对所推荐的新闻不感兴趣的用户,也是优化产品效果时需要重点分析的用户。

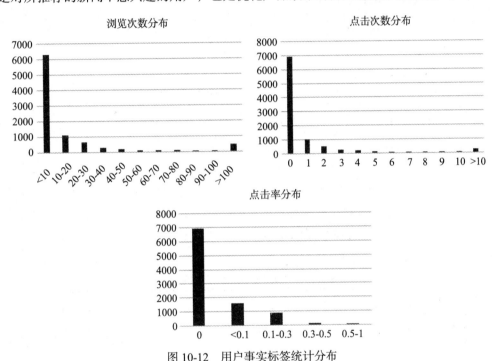

图 10-12　用户事实标签统计分布

10.5.2　兴趣标签构建

兴趣建模的思路是,使用用户点击过的新闻的标签来表示用户的兴趣。主要的实现逻辑是,遍历用户行为,同时查找用户行为标签,将新闻标签贴给用户。下面给出刻画用户的新闻来源兴趣标签的代码示例。

```
def interestTag(documentInput: String, actionInput: String, output: String) = {
  val conf = new SparkConf().setMaster("local").setAppName("User Draw")
  val sc = new SparkContext(conf)
  // 新闻标签导入,并用 map 存储,用户后续查询
  val sources = sc.textFile(documentIntput)
    .map(x => x.split('~'))
```

```
      .map(x => (x(0),x(2)))
        .collect().toMap
// 读入用户行为，只要点击日志
val actions = sc.textFile(actionInput)
  .map(x => x.split( '~'))
  .filter(x => ((x(2).toInt) == 1))
  .map(x => (x(0),x(1)))
// 查询新闻标签，并进行统计
val interestTags = actions .map{
  case(userId,itemId) =>
   val source = sources.get(itemId).getOrElse(-1)
   (userId,source)
  }
  .filter(x => (x._2!=-1))
  .map(x => (x,1))
  .reduceByKey(_+_)
  .map{
    case((userId,source),cnt) => (userId,(source,cnt))
  }
  .groupByKey()
SaveUtil.removeOutputPath(sc, output)
interestTags.repartition(1).saveAsTextFile(output)
}
```

部分用户的新闻来源兴趣标签如表 10-6 所示，类似地，我们还可以刻画用户的新闻关键词兴趣画像。用户新闻关键词兴趣标签如表 10-7 所示。这些来源和关键词标签都能够在一定程度上代表用户的新闻兴趣，但来源标签的粒度比较粗，对于用户兴趣的刻画远没有关键词标签来的准确。

表 10-6　用户新闻来源兴趣标签

160705092919875000	电玩巴士 :1
160417164138208000	网易 :1
160506193218766000	军评天下 :1　腾讯军事 :1　南宁西乡塘区检察院 :1　中国网 :1　中国陆军 :1　战略吐槽秀 :1
160209202826337000	红河哈尼彝族自治州政务网 :1　环球旅行团 :1
150523011443599000	腾讯娱乐 :1　腾讯汽车 :1
151106203145128000	汽车营销分析 :1
160705185513610000	腕表之家 :1　中华网 :2　现代快报网 :2

表 10-7　用户新闻关键词兴趣标签

160705092919875000	神话 :1　地宫 :1　经验 :1　创世 :1　副本 :1
160417164138208000	李易峰 :1　广州 :1　天气 :1　青云 :1　众人 :1
150523011443599000	金晨 :1　咨询人 :1　部队 :1　猎豹 :1　菠萝 :1　极限 :1　背带裤 :1　长腿 :1　街拍 :1　喷漆 :1
151106203145128000	全自动 :1　宝马 :1　汽车 :1　mobileye:1　英特尔 :1

10.6　本章小结

在大数据时代，用户画像的概念被越来越多地提到，用户画像不仅在互联网领域被广泛应用，在很多传统行业（如食品、汽车行业）也逐步被重视。本章首先介绍了用户画像的概念和意义，接着介绍了用户画像的构建流程和构建算法、画像的评估和使用方法，最后进行了新闻 App 用户画像的实践。

在实际构造用户画像中需要考虑数据质量、业务场景、算法效率等一系列因素，所面临的问题也比所举例子中的复杂。本章只是简单介绍了用户画像的基础知识和常用方法，使读者对用户画像有一个初步的了解。读者在实际构造用户画像时，可参考本章。最后需要强调的是，用户画像构建一定要结合项目的实际需求，脱离实际需求去构建用户画像是没有意义的。

本章使用的数据集是：新闻 App 用户行为数据。

第 11 章

广告点击率预估

大寒既至，霜雪既降，吾是以知松柏之茂也。

——《庄子·让王》

大寒季节到了，霜雪降临了，我因此知道松树和柏树的茂盛。

世间万物都有自身的规律，通过对规律的理解，可以更好地预测事物的发展趋势。如大寒季节，霜雪降临的时候，我们可以预测到松树和柏树的茂盛。生活中，我们可以根据用户的属性和行为预测其消费倾向。

本章选取大数据机器学习的经典使用场景之一——广告点击率预估，进行重点讲解，包括点击率预估在互联网广告中的意义、点击率预估的常用技术，以及如何通过模型评估和线上评估验证模型效果，最后通过新闻 App 点击率预估实践说明点击率预估技术的实际应用。

11.1 点击率预估概述

在互联网二十多年的发展历程中，无论是 PC 互联网时代还是移动互联网时代，广告营销都是最重要的商业模式之一，Google、Facebook、百度等互联网巨头 90% 以上的收入都是广告流量变现。如何提高广告的投放效果，一直以来都是学术界和工业界的研究热点，广告点击率预估是其中最重要的研究领域，它使用算法预测广告的点击率，为流量匹配最适合的广告，从而提高广告点击率，最终提升广告的收入。

接下来概述互联网广告的发展过程、互联网广告交易架构的演进，以及点击率预估在互联网广告中的应用。

11.1.1 互联网广告的发展

互联网广告交易的双方是广告主和媒体，广告主是那些有广告投放需求的人，他们为自己的产品投放广告并为广告付费；媒体是有流量的公司，如各大门户网站、各种论坛，它们提供广告的展示平台，并收取广告费。

随着广告投放技术的进步和广告生态的成熟，互联网广告的交易方式也发生了改变，互联网广告已开始摆脱单一、古板的交易模式，转而向更精确高效的交易模式转变。互联网广告主要经历了如图 11-1 所示的几个发展阶段。

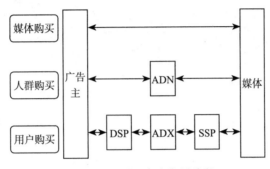

图 11-1 互联网广告发展阶段

1）**媒体购买阶段**：最初的广告交易是广告主和媒体直接谈判，购买流量，广告主需要和很多媒体谈判，媒体也需要和很多广告主谈判，这种方式的效率低下、交易成本高，交易的成功率也很低。

2）**人群购买阶段**：为了解决媒体购买效率低下的问题，出现了广告联盟（Ad Network），媒体把自己的流量承包给联盟，联盟负责承接广告主的广告投放需求，它把媒体的用户群体分类后，根据广告主的需求匹配相应的用户群体。随着广告联盟的增多，每个广告联盟都掌握着一部分媒体资源，这样会出现广告联盟的媒体资源和承接的广告主投放需求不匹配的问题，为了便于联盟置换媒体资源，又诞生了广告交易平台。

3）**用户购买阶段**：随着广告交易平台增多，广告的交易成本也在提升，为了解决这种情况，广告联盟的业务被拆分到两个平台，一个是广告主服务平台，另一个是媒体服务平台，双方通过广告交易平台进行交易。

11.1.2 互联网广告交易架构

经过以上三个阶段的发展，目前的互联网广告基本都是用户购买模式，它的交易架构如图 11-2 所示，下面详细介绍各类平台的功能。

1）**广告主服务平台**（Demand-Side Platform，DSP）：承接广告主的广告投放需求，广告主可以在该平台上设置广告的目标受众、投放地域、广告出价等。

2）**媒体服务平台**（Sell-Side Platform，SSP）：拥有媒体资源和用户流量的网站通过接入 SSP 实现流量变现，媒体在 SSP 上管理自己的广告位，控制广告的展现。

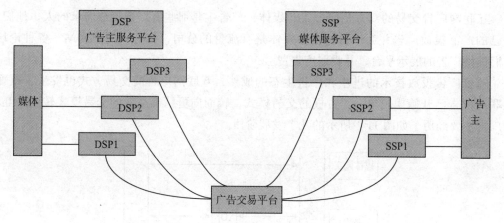

图 11-2 互联网广告的交易架构

3）**广告交易平台**（Ad Exchange）：连接广告交易的买方（DSP）和卖方（SSP），专注于流量交易，广告交易平台一般使用实时竞价（Real Time Bidding，RTB）的方式进行广告的买卖。RTB 以一次广告展现机会为单位进行竞价，谁出价高，谁的广告就获得展现机会。

三类平台分工合作，在各自擅长的领域进行广告效果优化，共同提升广告的商业价值和交易效率。DSP 专注于定向技术、动态出价及创意优化；SSP 专注于广告位优化、展示有效性优化及展示竞价优化；广告交易平台专注于平台完善和生态系统的构建，提高流量交换的效率。

广告交易平台售卖的不是传统意义上的广告位，而是访问这个广告位的具体用户，这类用户会有自己的兴趣，如果能够投其所好，广告就能产生巨大的收益，这样的广告目标用户在互联网中属于稀缺资源，广告主也愿意出高价购买。广告交易平台之所以能为广告找到稀缺的目标用户，主要是依靠强大的数据管理平台（Data-Management Platform，DMP）。DMP 整合分散的第一、第三方数据，纳入统一平台，并对这些数据进行标准化，为广告交易平台提供用户的兴趣标签。

当一个用户访问广告位页面时，SSP 向广告交易平台发出访问请求，并向其发送用户标识、广告位基本信息等数据，广告交易平台通过 DMP 匹配得到用户属性信息，并和 SSP 传来的信息一起打包发送给各个 DSP，各个 DSP 对本次广告展现机会进行竞价，竞价获胜者获得广告的展现机会，让自己的广告被用户看到。

针对具体用户的广告投放方式既能够有效地提高广告主的投资回报率（Return On Investment，ROI），也能够让广告位的收益最大化。由于是用户精准投放，广告主只购买自己的目标用户，虽然每个用户的价格提高了，但省去了投放给非目标用户的广告花费，整体成本反而有所下降，相当于花更少的钱覆盖了更多的目标用户。对于媒体，对广告的每次展现机会都进行竞价，保证流量以尽量高的价格卖给最合适的广告主，从而获得流量的最大收益。

如图 11-3 所示，列举了目前主要的互联网广告公司，其中不乏互联网巨头公司，由于广告交易平台能够提升买卖双方的收益，更容易获得高质量的广告位资源，一般互联网巨头公司都处在广告交易平台环节。目前，在国内互联网广告领域，随着广告主逐渐认可用户购买的方式，介于广告交易平台和广告主之间的 DSP 发展迅速，但 SSP 发展相对缓慢，这是因为国内的主流媒体在广告溢价权上占据很大优势，对流量变现优化缺乏动力，整个广告生态对 SSP 的需求较低。

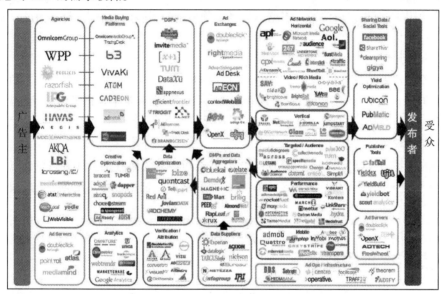

图 11-3 互联网广告公司

11.1.3 点击率预估应用

在互联网广告的交易架构中，DSP 一方面需要向广告交易平台出价购买广告展现机会，另一方面需要向广告主收费。在交易过程中，如果对广告交易平台的出价高于广告主的出价，DSP 就会亏钱，同时在结算时广告主会对广告效果进行评估，因此 DSP 在广告交易中承担了较多的风险。为了降低风险，在竞价之前，DSP 需要对流量进行评估，对于不同质量的流量，给出不同的竞价，使用高价去竞拍高质流量，而对低质流量出较低的竞价，甚至不参与竞价。

广告点击率（Click Through Rate，CTR）是 DSP 评估流量效果最常用的指标。它指的是广告的点击到达率，即广告的实际点击次数除以广告的展现量。为什么是使用 CTR 而不是使用广告主的实际收益来评估流量质量呢？这是因为广告的形式多种多样，用户点击广告以后的后续操作在很大程度上不受广告平台控制，而对不同类别的广告收益做后续跟踪，实现起来也过于复杂，所以 DSP 在评估广告效果时，只要用户进行了点击，就认为给广告主做了一次有效推广，达到了广告的目的。

广告的点击率涉及用户兴趣、广告创意、流量质量等方方面面的因素，为了更准确地预估广告的点击率，机器学习被广泛应用。

CTR 预估模型不只在互联网广告中使用，只要存在有针对性的展现和点击，就可以使用 CTR 预估模型，下面介绍 CTR 预估模型的一些常用场景。

（1）新闻推荐

新闻推荐的核心指标是用户对所推荐新闻的点击率，以今日头条为代表的个性化新闻客户端都使用了 CTR 预估模型，根据用户兴趣预估用户对新闻的点击率，推荐给用户感兴趣的新闻。

（2）智能营销

商品智能营销的最终目标是提升用户对商品的下单率。下单率和用户兴趣、商品类目、购物场景等因素相关，可以基于这些因素构造特征，训练下单率预估模型，给用户推荐他们更可能购买的商品。

（3）问答系统

知乎的问答系统把问题推送给用户回答。我们可以认为回答是一种更高级的点击行为，使用 CTR 预估模型，预估用户对一个问题的回答概率，把用户更可能回答的问题推送给他们。

11.2 点击率预估技术

在实际应用中，我们从广告的海量历史展现点击日志中提取训练样本，构建特征并训练 CTR 模型，评估各方面因素对点击率的影响。当有新的广告位请求到达时，就可以使用训练好的模型，根据广告交易平台传过来的相关特征预估这次展现中各个广告的点击概率，结合广告出价计算广告的点击收益，从而选出收益最高的广告去向广告交易平台出价。在本节中，我们详细介绍 CTR 模型的训练过程。

11.2.1 数据收集

DSP 竞价成功后把广告展现给用户，产生广告展现日志。用户对展现的广告产生相应的反馈，产生点击日志。收集、存储和整合这两部分日志后，就得到了全量的用户广告行为日志。

真实完备的行为日志是训练 CTR 模型的基础，而在实际中，由于广告系统的请求失败重试、网络传输错误等原因，广告行为日志经常会存在日志错误、数据不全等问题，这时需要对日志数据进行校验、清洗和整合，这部分工作对后续 CTR 模型的训练至关重要。

CTR 预估模型的训练架构如图 11-4 所示。

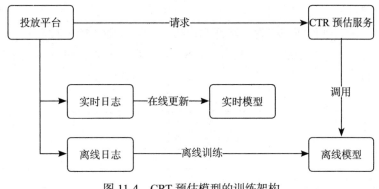

图 11-4　CRT 预估模型的训练架构

数据收集分为离线数据收集和在线收集两部分，分别用于模型的离线训练和在线训练，离线训练使用一段时间的全量数据进行训练，模型更新频率较低，一般为天级别或周级别更新；在线训练在已有模型的基础上，使用少量新增的数据对模型进行更新，模型可以做到分钟级或小时级更新。在实现架构上，离线更新一般使用 HDFS 存储训练数据，使用 Spark 进行模型训练，而在线更新一般采用流式计算框架（如 Storm、Spark Streaming 等）进行模型训练。

在线更新从架构到模型优化算法都比离线更新的复杂，大部分 DSP 对模型的更新时效性没有特别强的要求，使用离线更新即可满足要求，本节讨论的主要是离线训练。

11.2.2　特征构建

在完成样本数据收集之后，就可以开始 CTR 模型的特征构建工作，特征构建是 CTR 模型训练最核心的工作，特征抽取的好坏直接决定模型的最终效果。从用户行为日志中能够构建的基础特征分为两大类，一类是用户特征，另一类是广告特征。在这两类基础特征之上，可以构建交叉特征、反馈特征，此外还可能用到场景特征，下面分别介绍这几类特征。

1. 用户特征

用户的特征有很多，大部分的用户标签都是从 DMP 直接获取的（DMP 如何给用户打标签可参考本书第 10 章），主要包括用户的自然属性、兴趣属性、地理属性和点击偏好等，具体的用户特征如表 11-1 所示。

表 11-1　用户特征

特征种类	特征举例	来　　源
自然属性	年龄、性别、收入	DMP
兴趣属性	汽车、房产、购物	DMP
地理属性	省、市、国家、是否为一线城市	从日志计算
点击偏好	偏爱点击游戏广告	从日志计算

2. 广告特征

广告特征包括流量特征、广告位特征和广告创意特征等，广告特征一般会在广告投放之前进行填充，由于广告的数量有限，广告特征可以在广告入库时进行人工编辑，具体的广告特征如表 11-2 所示。

表 11-2　广告特征

特征种类	特征举例	来　源
流量特征	视频流量、媒体名	广告交易平台
广告位特征	尺寸、位置、长、宽	广告交易平台
广告订单特征	广告行业、广告标签	运营者人工编辑
广告创意特征	创意类型、文本、图片	运营者人工编辑

3. 交叉特征

一些特征表面上和广告点击率没有明显的关系，但和其他特征组合后能够有效地刻画点击规律，例如性别对广告点击率影响不大，但女性用户对于化妆品广告的点击率远高于男性用户。

考虑到一些常用的 CTR 预估模型无法描述特征之间的组合关系（如逻辑回归、线性 SVM 等），所以需要人工来做用户特征和广告特征的交叉组合，如广告和性别的交叉、广告和年龄的交叉等。用户特征和广告特征的维度都很高，交叉后会产生大量的无用特征，这时还需要对交叉后的特征做选择。

4. 反馈特征

反馈特征指的是根据广告点击日志统计的广告点击率相关的特征，由于是根据用户的历史点击率反馈得到的，因此被称为反馈特征。反馈特征可以从多个度统计，如广告点击率、广告位点击率和流量点击率，也可以按照不同的时间窗口来统计，如近 24 小时的平均点击率、近三天的平均点击率、近一周的平均点击率，还可以是广告和用户属性交叉的点击率，如各个广告的男性用户点击率。

不同广告的展现次数差距很大，例如一个广告展现 2 次，被点击 2 次，那么点击率反馈特征是 1，另一个广告展现 1000 次，被点击 20 次，那么点击率反馈特征是 0.02，这样计算显然是不合理的。在计算反馈特征时需要注意点击率的置信度，对反馈特征进行平滑处理。

5. 场景特征

一般 CTR 模型中还会加入场景特征，主要的场景特征如表 11-3 所示。

表 11-3　场景特征

特征种类	特征举例	来　源
网络特征	3G、4G、WiFi	广告交易平台
时间	白天晚上、星期、是否为休息日	直接获取
手机平台	Android、iOS、华为、	广告交易平台

单独的场景特征对 CTR 模型训练没有意义，场景特征主要通过和其他特征组合来发挥作用，例如用户白天更喜欢点击汽车类广告、非 WiFi 流量下用户不喜欢点击视频广告等。因此在使用场景特征时，也需要与广告特征进行交叉组合。

11.2.3　特征处理和选择

上述模型特征中，有的可以直接用于模型训练，有的需要进行一些处理才能用于训练，如性别特征（男、女）、广告分辨率特征（800×600、200×120）等都需要进行预处理。下面介绍常用的特征处理方法。

1. 常用的特征处理方法

（1）独热编码

性别、手机型号等特征属于标签类特征，我们需要对它们编号，对于这种离散特征常用的表示方法是独热编码。

独热编码，又称为一位有效编码，其方法是使用 N 位状态寄存器来对 N 个状态进行编码，每个状态都有独立的寄存器位，并且在任何时候，其中只有一位有效。以性别特征举例，性别有三种状态，可用一维特征表示为 $\{0,1,2\}$，0 表示未知，1 表示男，2 表示女。因为有三个状态，独热编码需要三位，即用三个特征来表示，下面构建三个 bool 型特征：

```
Feature1：是否性别为男
Feature2：是否性别为女
Feature3：是否性别未知
[Feature3，Feature2，Feature1]
```

这样男性用户的表示为 [0,0,1]，女性用户的表示为 [0,1,0]，未知性别用户的表示为 [1,0,0]。

为什么需要用独热编码把一维特征拆成三维特征呢？这是因为，对于逻辑回归（Logistic Regression,LR）这样的线性分类器，会把一维的性别特征认为是一个整数特征，而实际上，我们只是用 0、1、2 来标识不同的标签，数字的大小本身没有任何意义。而用独热编码表示以后的 bool 特征，1 表示出现，0 表示不出现，特征的数值是有意义的。

（2）特征离散化

年龄特征是一个连续的整型特征，如果把年龄直接作为一个整数型特征，模型训练时会认为 30 岁大于 20 岁，但我们知道 30 岁大于 20 岁对于广告点击率是没有意义的，它只是表示用户属于某个年龄段。解决的方法是，对连续特征进行分段，可以把年龄特征分成多段，每个特征表示用户属于某一个年龄段，且这些特征是互斥的，这个过程称为特征离散化。分段后的特征可以像性别这样的属性标签一样，使用独热编码表示。

在进行特征交叉、特征离散化后，特征的维数可能会达到百万甚至千万，其中有大量的特征可能是无效的，这时需要进行特征选择。特征选择的方法有很多，下面介绍点击率预估模型特征选择的一些常用方法。

2. 特征选择方法

（1）通用的特征选择

通用的特征选择方法有信息增益（IG）、互信息（MI）、卡方检验等，它们都可以用来验证特征的有效性。

（2）单特征模型验证

单特征模型验证是验证基础特征的有效方法，它使用某一维特征训练模型，并计算评估指标（一般用 AUC 指标，11.3 节会介绍），用单特征模型指标的好坏来评估特征的效果。

（3）观察特征点击率

基于广告日志直接观察特征的历史点击率也是非常有效的方法，能够直观地验证特征的有效性。例如女性对化妆品广告的点击率就比男性的点击率高很多，这说明性别和化妆品的交叉特征是有效的。直接观察特征点击率和单特征模型验证的效果基本一致。

11.2.4　模型训练

CTR 预估的模型选择和特征紧密相关，没有最好的模型，只有最适合当前特征的模型。CTR 预估中常用的模型有逻辑回归（LR）、因式分解机（FM）和梯度提升树（GBDT），前面章节已对它们的算法原理进行了介绍，本章主要介绍算法的使用场景和模型用于 CTR 预估时的使用技巧。

1. 逻辑回归

用户特征和广告特征在进行 one-hot 编码以后，生成高维稀疏特征，对此可以直接用 LR 模型进行训练，LR 模型是线性模型，无法对特征进行组合，它只能训练出广告 ID、用户性别等特征对单独点击的影响权重，无法拟合像男性用户喜欢体育广告这样的结果。所以在使用 LR 模型之前需要先对特征进行交叉，生成组合特征，再将组合后的特征和原始特征一起放到模型中进行训练。

LR 模型的原理简单，模型效果稳定，模型效果衰减速度慢，并且每一维特征都有具体的含义，模型结果自带特征权重，能够知道每个特征的重要度，模型的可解释性好。此外 Spark MLlib 的 LR 模型训练速度很快，可直接用于 CTR 模型训练，在线上部署时只是简单地在特征权重线性加和后做 sigmod 变换，模型的训练和部署成本都很低，在构建 CTR 预估模型的初期，LR 模型是首选。

2. 因式分解机

对于稀疏特征还可以使用 FM 模型，它是一种比较灵活的模型，通过合适的特征变换方式，可以模拟二阶多项式核变换，相当于对特征做了二阶组合，在稀疏特征的训练中 FM 模型能发挥最大优势。

相比 LR，由于 FM 对特征做了二阶组合，对样本的训练更加充分，一般 FM 模型都能比 LR 模型有更好的训练效果，同时 FM 训练时只需要输入原始特征，省去了大量的特征交叉和特征选择的工作，大大减少了人的工作量。

FM 的训练和预测复杂度都是线性的，效率很高，Spark MLlib 支持 FM 模型的训练，但是训练完成的模型在线上部署时，需要开发模型解析引擎，有一定的转化成本。

3. 梯度下降树

GBDT 模型擅长处理低维稠密特征，不擅长处理高维稀疏特征，当特征维度上万时，GBDT 模型的训练会非常缓慢，使用 GBDT 模型时需要先对稀疏特征进行压缩，用反馈特征替代原来的稀疏特征，例如我们可以使用各个广告的点击率反馈特征这个一维特征表示上万维的广告 ID 特征。

Spark 的 MLlib 中有 GBDT 的实现，但是训练效果不理想，如果要在 CTR 预估中使用 GBDT 模型，推荐使用 XGBoost 和微软的 LightGBM。

4. 在线学习模型

为了增加模型的更新频率，提升模型的时效性，需要对模型进行在线实时更新，LR 模型和 FM 模型的实时更新主要是用在线学习（Online Learning）方法。

在线学习是一种模型的训练方法，它能够根据线上反馈数据，实时快速地进行模型调整，使得模型及时反映线上的变化。在线学习的流程如图 11-5 所示，将模型的预测结果展现给用户，收集用户的反馈数据，再用来训练模型，形成闭环的系统。

在线学习使用最广的算法是 Google 提出的 FTRL（Follow The Regularized Leader）算法，它在 FTL 算法（Follow The Leader）的基础上加入了正则化。FTL 的原理是，每次都找到让之前所有损失函数之和最小的参数，它能够有效地产生稀疏解，这里不再详细介绍算法原理，有兴趣的读者可以参考 Google 的论文《 Ad Click Prediction-：a View from the Trenches 》。

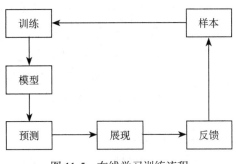

图 11-5　在线学习训练流程

5. 深度学习模型

随着深度学习的发展，深度学习模型也逐渐被用在 CTR 预估模型的训练中，对于深度学习模型只需要输入基础特征，就能够自动组合出高级特征，省去人工构造特征的工作。目前被广泛应用的深度学习模型有 DNN、FNN、PNN 等，Google 的 wide&deep learning 模型也在多个 CTR 预估任务中取得了不错的效果。

深度学习模型的最大缺点是模型缺乏可解释性，我们不知道该模型发现的高级特征的含义，而且模型对我们来说是一个黑盒，模型效果不可控，会出现一些非常离谱的预估错误。现在深度学习模型比较主流的使用方法有两种：一种是将用深度学习模型发现的特征放到 LR 模型或 FM 模型里进行训练；另一种是把深度学习模型的输出结果作为一维新的特征放到原来的 LR/FM/GBDT 模型中进行训练。

11.3 模型效果评估

CTR 模型的好坏直接关系到 DSP 的收入，如果对广告点击率预估过高，那么获取流量的成本会高于广告主的预期，结果是亏钱；如果广告点击率预估过低，则会导致竞拍不到流量，得不到广告展现机会。因此 CTR 预估模型在上线前需要经过严格的评估，具体需要先后经过模型指标评估、线上流量评估三个步骤。

11.3.1 模型指标评估

评估 CTR 模型的好坏，有各种定性的或定量的、线上的或线下的方法，但是不论是什么样的评测方法，其本质都是一样，具体要看这个模型对有点击的广告展现与无点击的广告展现的区分度。最常用的点击率模型评估标准是 AUC，AUC 的含义是 ROC 曲线下的面积。之所以使用 AUC，而不是用准确率和召回率来评估模型效果，是因为我们关心的不是正负样本能否被正确分类，而是点击样本能否被排在非点击样本的前面。

AUC 和 WMWT（Wilcoxon-Mann-Witney Test）是等价的，WMWT 的含义是任意给一个正类样本和一个负类样本，正类样本的评分有多大的概率大于负类样本的评分，因此 AUC 满足我们对 CTR 模型的评估需要。如图 11-6 所示，AUC 越大，模型的区分能力越强。

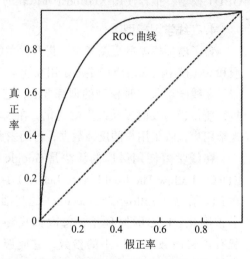

图 11-6 模型 AUC 指标

11.3.2 线上流量评估

对于 CTR 模型的最终效果，还是要看在实际广告点击率预估中的模型表现，为了减小模型上线的风险，一般先使用近期数据模拟线上流量，观察模型在近期流量上表现，再将模型放到线上进行小流量 A/B 测试，如图 11-7 所示。

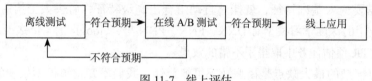

图 11-7 线上评估

小流量 A/B 测试是评估 CTR 模型效果的最终指标，在进行 A/B 测试时需要注意的是，流量的划分必须是无偏的，即对 CTR 模型切分的流量和对照组除了模型不同以外，其他因素应该都是基本一致的，给实验组和对照组分配不同的流量是不行的，这样的 A/B 测试没有意义。

11.4　新闻 App 点击率预估实践

　　下面使用新闻 App 的用户行为数据，来进行点击率预估的实践，数据介绍见 9.5 节。为了对比各类特征的预估效果，分别基于新闻的频道、来源和关键词来构建特征和训练模型，对比不同特征的预估效果。

11.4.1　特征提取

　　首先将用户行为数据（action.txt）和新闻标签数据（document.txt）进行合并，根据新闻 ID，将一个新闻是否被点击和该新闻的标签合并到一行，合并后的数据如下：

```
label channal source tags
```
依次为：类别（是否点击，点击为 1，没有点击为 0）、频道、来源、关键词
样例：1　娱乐　腾讯娱乐　曲妖精 | 棉袄 | 王子文 | 老大爷 | 黑色

　　处理后的数据包含新闻是否被点击和相关特征，下面基于合并后的数据，进行特征的构建，分别用新闻的频道、来源和关键词作为特征，生成三份训练样本。这三份训练样本的正负样本比例都大约为 1:24（4% 点击率）。这三份训练样本的样例如下：

```
// 频道 (channal) 训练样本
1 时尚
0 游戏
0 社会
0 汽车
1 娱乐
// 来源 (source) 训练样本
0 光明网
0 58 车
0 手机中国
1 手机中国
0 网易娱乐
// 关键词 (tags) 训练样本
0 食物 团子 甜点 同种 得分
1 手表 款系 技术 制表 雷蒙威
1 陶瓷 香奈儿 手表 黑色 科技
0 狗熊 养蜂人 猴子 蜂蜜 大爷
```

　　所生成的样本无法直接用于 Spark 训练，还需要将特征进行独热编码并转成 libsvm 格式，转化后的样本如下，可以看到频道只有几十个特征，来源的特征维度上千，而关键词的特征维度达到了万级别。

```
//channl libsvm
0 19:1
0 15:1
0 10:1
0 13:1
//source libsvm
```

```
0 151:1
0 543:1
0 5907:1
0 59:1
//tags libsvm
0 1406:1 1417:1 1419:1 3165:1 3166:1
0 780:1 2464:1 2565:1 4267:1 22784:1
1 1406:1 1417:1 1419:1 3165:1 3166: 1
0 6221:1 6222:1 6223:1 6224:1 6225: 1
```

11.4.2 模型训练

下面进行模型的训练，调用 Spark MLlib 库训练 LR 模型，预测打分并计算 AUC，评估模型效果，相关训练和测试代码如下：

```
object LRTrainAndTest {
  def main(args: Array[String]) {
val conf = new SparkConf().setMaster("local").setAppName("ADTest with logistic
regression")
val sc = new SparkContext(conf)
val numFeatures = args(3).toInt
val partitions = args(4).toInt
//导入训练样本和测试样本
val training = loadLibSVMFile(sc,args(0),numFeatures,partitions)
val test = loadLibSVMFile(sc,args(1),numFeatures,partitions)

val lr = new LogisticRegressionWithLBFGS()
//训练参数设置
lr.optimizer.setRegParam(args(5).toDouble)
      .setNumIterations(args(6).toInt)
      .setNumCorrections(args(7).toInt)
//训练
val lrModel = lr.setNumClasses(2).run(training)
    lrModel.clearThreshold()
    //预测打分
    val predictionAndLabel =
test.map(p=>(lrModel.predict(p.features),p.label))
predictionAndLabel.map(x=>x._1+"\t"+x._2).repartition(1)
    .saveAsTextFile(args(2))
    val metrics = new BinaryClassificationMetrics(predictionAndLabel)
    // 计算 AUC
    val str = s"the value of auc is ${metrics.areaUnderROC()}"
println(str)
  }
}
```

下面来观察打分和 AUC 情况，用频道特征和关键词特征训练的模型的打分情况如下，可以看出前者的打分对于新闻是否被点击的区分度不大，而后者的打分对应的区分度要好一些。这是因为频道特征的维度过少，各个维度都无法很好地刻画新闻被点击的原因，而关键词特征维度较高，其中某些关键词能够有效地刻画点击原因。

```
// 频道（channal）特征打分，格式为对是否点击打分
0.046163350070361715        0
0.061411070977041786        1
0.046163350070361715        0
0.046163350070361715        0
0.05717555500545983         0
// 关键词（tags）特征打分，格式为对是否点击打分
0.16503094221908515         1
0.010702701739535471        0
0.017796539001064704        0
0.06507502011563861         0
0.011331890779415562        0
```

三个模型的 AUC 如下，可以看到频道模型和来源模型的 AUC 相差不大，而关键词模型的 AUC 有了明显的提高，这也表明关键词特征对点击率预估的效果更有效。

```
// 频道（channal）模型
the value of auc is 0.626874315412811
// 来源（source）模型
the value of auc is 0.6274904547506317
// 关键词（tags）模型
the value of auc is0.6378307081128002
```

11.4.3　广告 CTR 模型扩展

为了更好地理解广告 CTR 预估模型的训练流程，我们以一个实际的数据集为例，为大家介绍实际广告业务中 CTR 模型是如何训练的，使用 KDD CUP 2012 Track2 数据集，该数据集源于腾讯搜索引擎（www.soso.com）的广告会话日志。

这是一个搜索广告的场景，对用户发起的搜索请求，搜索引擎在返回搜索结果的同时会给用户展现广告，用户对展现的广告进行点击，这个过程叫作广告会话（session），一个会话包含多个广告展现，数据集中的每一条记录都表示一次广告展现。

该数据集包含 TRAINING DATA FILE、TESTING DATA FILE 两个主要文件，分别是训练集和测试集，两个数据集的字段基本一致，差别在于训练集中有是否点击数据，而测试集中没有，具体的字段含义如表 11-4 所示。

表 11-4　字段含义表

字　　段	含　　义
UserID	用户 ID
AdID	广告 ID
Depth	在本次会话中展现的广告数量
Position	广告的位置，即广告在展现列表中的序号
Impression	搜索会话的数量，在搜索会话中广告展现给做搜索的用户

（续）

字　　　段	含　　　义
Click	用户点击广告的次数
DisplayURL	广告属性，该 URL 与广告的标题及描述一起展示，通常是广告落地页的链接，在数据文件中存放了该 URL 的 hash 值
AdvertiserID	广告属性，广告主 ID
QueryID	搜索词 ID，用于搜索词查询
KeywordID	广告关键词的 ID，用于广告关键词的查询
TitleID	广告标题的 ID，用于广告标题的查询
DescriptionID	广告描述的 ID，用于广告描述的查询

前面 5 个字段，所有的数据都有，其余字段只有部分数据有，点击字段只有训练数据才有。此外还包含附加的数据文件 ADDITIONAL DATA FILES，里面包含 5 个附加数据文件，用于样本集中各个 ID 字段的查询，各个文件的含义和格式如表 11-5 所示。

表 11-5　文件标识

文件名	含义	格式
queryid_tokensid.txt	搜索词数据	每行表示一条数据，"\t" 分割 ID 和其他字段，每个字段用 "|" 分割
purchasedkeywordid_tokensid.txt	关键词数据	同上
titleid_tokensid.txt	广告标题数据	同上
descriptionid_tokensid.txt	广告描述数据	同上
userid_profile.txt	用户信息数据	每一行由 UserID、Gender 和 Age 组成，用 "\t" 分隔

年龄、性别标识的含义如表 11-6 所示。

表 11-6　年龄、性别标识

性别	1-male(男)，2 -female（女），0 -unknown（未知）
年龄	1- (0, 12]，2- (12, 18]，3-(18, 24]，4 - (24, 30]，5- (30, 40]，6 (40,100)

对数据进行分析，TRAINING DATA FILE 相当于清洗和整理以后的用户行为日志，描述了用户对于广告的点击行为，还包含了广告的特征、广告位特征、广告上下文信息等。userid_profile.txt 相当于一个最简单的 DMP，提供了用户标签。可以用前面介绍的方法，按照如下步骤训练一个简单的 CTR 模型。

1）构造样本集：TRAINING DATA FILE 中的每个会话里有点击行为的广告作为正样本、无点击行为的广告作为负样本。

2）构造广告特征：从 TRAINING DATA FILE 中解析抽取广告 ID、广告主 ID 、广告位置、广告 URL 站点等。

3）构造用户特征：从 userid_profile.txt 中提取用户的性别和年龄。

4）对特征进行独热编码，产生稀疏特征。

5）使用 LR/FM 对稀疏特征进行训练。

当然这样构建的 CTR 模型还有很大的优化空间，可以对特征进行交叉（如广告和广告位交叉），也可以考虑加入广告点击率的反馈统计，还可以考虑使用广告标题和搜索词的语义特征，这里不再详细介绍。

模型的优化过程实际上是对数据的一个理解过程，其中大量的工作是分析样本并构建有效特征，论文《Context-aware Ensemble of Multifaceted Factorization Models for Recommendation Prediction in Social Networks》详细介绍了对于数据集进行会话分析、数据清洗、特征构建、用户建模的方法，有兴趣的读者可以阅读学习。

11.5　本章小结

本章首先介绍了互联网广告的背景、互联网广告的生态架构和点击率预估的概念，然后重点介绍了广告点击率预估的数据收集、特征抽取、模型训练和模型评估的方法，最后通过新闻 App 用户行为数据进行广告 CTR 预估模型构建实践。

点击率预估是一个非常广泛的研究领域，想要用一章内容介绍点击率预估的各个方面是不现实的，在本章中，我们只介绍了点击率预估的重点知识，希望读者对互联网广告有一个整体认识，并对点击率预估的特征和模型有一定的了解，在遇到相关问题时，可以用点击率预估模型来解决。

本章使用的数据集是：新闻 App 用户行为数据、KDD 大赛腾讯搜索广告数据。

关于 KDD 大赛的腾讯搜索引擎（www.soso.com）的广告会话日志（sessions log）数据，下载链接如下：http://www.kddcup2012.org/c/kddcup2012-track2。

企业征信大数据应用

夫轻诺必寡信。

——《道德经》第六十三章

轻易许下诺言的人必然缺乏信用。老子的话告诉我们，不要轻易许诺，许了诺言就要认真践行，不要失去了信义。

在征信不是很发达的古代，担保的方式表明了信用的重要性；今天，金融数据非常丰富，通过数据直接可以洞察企业的信用风险，信用的重要性更加凸显，并且直接影响企业的社会活动。

对于企业征信来说，大数据并非点石成金，而是沙里淘金。本章重点讲解征信的相关概念、企业征信大数据平台，以及企业征信大数据在不同场景的应用，并通过企业法人资产建模进行实践。

12.1　征信概述

征信是为信用活动提供信用信息服务，对企业、事业单位等组织的信用信息和个人信用信息依法进行采集、整理、保存、加工，并向信息使用者提供的活动。征信分为企业征信和个人征信，以信用报告为表现形式。

中国外经贸企业协会曾经对全国近 10 万家涉外经贸企业进行"企业信用信息跟踪调查"，调查结果表明：在企业信用方面存在的主要问题是"拖欠货款税款""违约""制售假冒伪劣产品"。而对于一般企业在经营过程中，能够获取到的客户信息如表 12-1 所示。

表 12-1　客户信息获取渠道及程度

客户信息资料获取渠道	可靠程度	完成程度	状　态	费　用
客户介绍资料	低于 60%	可达 80%	静态	无
企业网页	平均 50%	可达 70%	静态	低
初步直接接触	低于 70%	可达 50%	动态	中等
长期直接接触	低于 90%	可达 90%	动态	非常高
银行提供的报告	平均 80%	可达 90%	动态	中等
征信公司调查报告	平均 80%	可达 95%	动态	较高

由此可见，企业通过自身低成本获取高可靠、动态、完整的客户信息是一件非常困难的事情，企业征信对于提高经济活动效率，以及解释信用活动风险都具有重要意义。

12.1.1　征信组成

征信是由征信机构、信息提供方、信息使用方、信息主体四部分组成。

征信机构一般自身具有一些数据，也会向第三方数据公司购买一些数据丰富自身的数据维度，并且基于这些数据进行征信建模，提供一些企业征信的大数据解决方案。

信息提供方包括政府机构、商业银行、运营商、企事业单位，以及一些具有支付、社交、电商等场景的互联网公司，这类组织机构都有一些特殊的数据源，会进行数据采集和数据初步分析挖掘。

信息使用方是征信数据的最终使用用户，例如银行、P2P 的贷款机构等。信息使用方需要一份征信报告的时候，会向征信机构进行索取，索取的时候需要获得信息主体的授权。

这四部分综合起来，就形成了一个整体的征信行业的产业链，如图 12-1 所示。

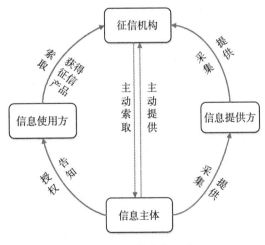

图 12-1　征信主体组成

征信机构向信息提供方采集征信等相关数据，信息使用方获得信息主体的授权以后，可以向征信机构索取该信息主体的征信数据，从征信机构获得的征信产品，对于企业来说，就是该企业的各类维度数据构成的征信报告。

12.1.2 传统征信

传统征信的信息非常简单，征信机构较少，信息来源的方式比较单一，只是将各类金融机构在日常信用工作中搜集到的企业和个人信用信息，以及其他社会机构收集到的信用信息，统一上报到中国人民银行，供政府部门、授信机构、信息主体进行信用报告查询等，人民银行征信系统如图 12-2 所示。

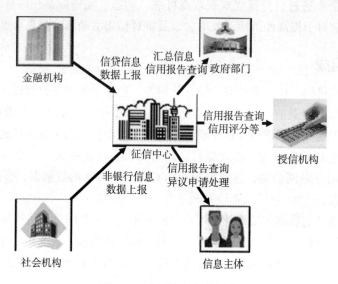

图 12-2　人民银行征信系统

对于由中国人民银行总结出来的基础数据库，其中数据主要包含信息主体基本信息、公共事业单位具备交易信用特征的信息记录、政府部门在行政执法过程中产生的信息、信贷交易信息，还有除了信贷交易信息以外，商业银行在日常工作中搜集的能够反应信息主体信用的其他信息。

12.1.3 大数据征信

随着国家推动社会信用体系建设的步伐不断加快，大数据征信的概念得到广泛传播，已被越来越多的公众所认知。相对于征信数据源、信用评估建模、征信服务三要素，大数据征信主要体现在前两个要素中，一方面互联网金融时代，信用评估的数据来源更加广泛，从有多少张信用卡、每个月消费多少、还款记录如何到喜欢浏览什么网站、手机是什么型号甚至 IP 地址对应的位置、社交网络与电子商务行为中产生的海量异构数据等，这些丰富的信息都可以用来刻画用户肖像。另一方面针对大数据的数据源特性，可使用大数据分析和建模技术，构建大数据信用评估模型。

在进行大数据企业征信时，会深度挖掘大数据价值，推动金融创新，大数据征信收集的数据类型如表 12-2 所示。

表 12-2　大数据征信收集的数据类型

信息类型	数据类型	具体数据
公共事业数据	政府信息公开数据	个人户籍、学历、学籍，水、电、燃气，工商执照等
金融数据	商业银行账户	信用卡、储蓄卡账户流水
消费记录	移动支付、第三方支付、电商平台账户	支付宝、财付通、汇付天下、快钱、拉卡拉、京东、淘宝等
社交行为	网络化的社交账户信息	微信、微博、博客、人人网、贴吧等
日常行为	日常工作、生活信息	公用事业缴费记录、移动通信、社保缴费记录、物流信息等
特定行为	特定环境下抓取的行为数据	互联网访问记录、特定网页停留信息、检索关键词等
用户上传信息	用户上传的有用数据	房产信息、车辆信息、职业资格、信用卡账单、消费信息等

12.2　企业征信大数据平台

大数据的特点是数据量大，但是价值稀疏，要从海量的数据中挖掘对企业征信有价值的特征属性，需要基于大数据设计合理的企业征信技术架构，满足大数据评估模型和服务需要。

12.2.1　大数据征信平台架构

企业征信大数据平台架构一般包括应用、模型、数据三个相互迭代的层面。数据是构建模型的基础，应用调用模型输出，并将数据更新和用户操作记录及时反馈给数据，进而更新模型以期获得更精确的应用。大数据企业征信架构采取自上而下的设计模式，形成"门户、平台、数据仓库"为核心的架构体系，如图 12-3 所示。

其中，"门户"是指与服务门户深度集成，建设企业信用互联网门户；"平台"是指具备互联互通、大数据处理及对应用服务的融合能力，为关键服务提供支撑，公共信用信息共享服务平台，提供数据处理、信用服务、评分评级、分析统计等；"数据仓库"是指基于丰富的数据源，与数据共享交换平台系统对接共享，实现信用数据共享互通。

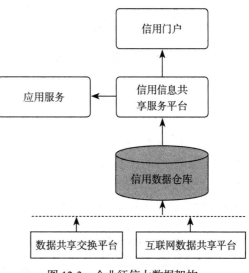

图 12-3　企业征信大数据架构

12.2.2 企业征信服务流程

企业征信服务由用户发起，用户提交信息，实时获取企业信息，以及以该企业为单位的信用标签集合，返回企业的关联关系，如图 12-4 所示。

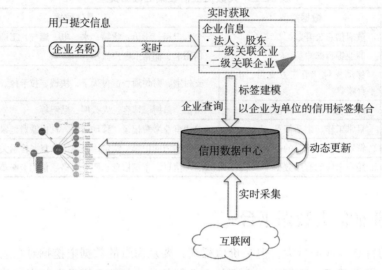

图 12-4　企业征信服务流程

大数据企业征信应用具有如下特点。

1）大数据实时采集。能够通过互联网技术全面采集企业信用信息，包括政府监管信息、行业评价信息、媒体评价信息、金融信贷信息、企业运营信息和市场反馈信息等信用信息，并及时纳入信用数据中心。

2）大规模数据快速处理。能够将批量采集的数据资源，迅速清洗出有价值的信用信息，聚合有关企业有效信用数据，形成有效的企业信用特征维度。

3）用统一的数学模型进行信用评级。面对海量的企业信用数据，企业征信的信用评级是通过统一的数学计算模型，对企业信用信息进行计算，并得出相关企业的信用分值和信用等级。

4）动态更新数据，实时评估信用状态。能够动态更新数据、实时更新信用模型，比如一家企业当前的信用评级良好，但下一刻质监部门或新闻媒体有可能发布关于这家企业的负面信息，企业征信要能够实时捕捉这些信息，并通过数据计算模型，对数据进行交互处理，对企业的信用状况进行重新评估更新，让公众能够及时了解企业最新的信用信息，并能够实时为企业出具信用报告。

12.2.3 企业征信数据源

按照数据类别划分，涉及征信的数据源包括：司法数据、黑名单数据、公共事业数据、金融信贷数据、行政处罚数据、运营商数据、互联网数据、人口属性数据、房产数据、企业数据、商旅出行数据等。

下面对这些数据做简单说明。

司法数据是指全国法院判决文书、全国法院公告数据、全国失信被执行人数据（法人、自然人或其他组织）。

黑名单数据是指司法部门公布的有犯罪行为的名单、社会机构公布的黑名单、银行业机构公开的老赖名单等。

公共事业数据包含了社会身份、公安、交警、社保等类别数据，如：工商注册数据、环保数据、药检数据、质监数据、安检数据、税务数据、产权数据、社保数据、公积金数据。

金融信贷数据包含银行信贷数据、网络信贷数据（贷款额度、还款记录等）。

行政处罚数据：如企业欠税、环保处罚、药检处罚、质检处罚、社保处罚等黑名单数据、公安（法人违法信息）处罚数据等。

运营商数据是指用户的手机类型、手机用户唯一标识、订购套餐类型等基本信息，以及由此延伸的手机用户的实际话费、数据费、手机定位信息、手机号码注册地、身份证居住地址等。

互联网数据包括电商数据、社交数据、网痕数据等。

人口属性数据是指法人姓名、法人年龄、法人性别、法人身份证居住地址等。

房产数据是指个人或企业名下住房登记数据、房产抵押权登记。

企业数据包含企业工商数据、企业经营数据、企业上报数据、企业舆情信息、企业关联方信息、风险传导信息。其中，企业经营数据是指法人高管个人数据、行业评价信息等；企业上报数据包含企业财务信息、个人征信情况、企业征信情况等；企业舆情数据是指媒体评价、市场反馈、（贴吧、微博、新闻、论坛、搜索）动态信息等。

商旅出行数据是指乘坐交通工具信息、下榻酒店信息等。

12.2.4　企业征信画像库

企业征信画像是指根据企业的基本面、经营行为等综合性数据建立标签体系，准确刻画出企业的全局特性。企业画像库建设是整个征信画像系统的重要环节，画像库划分的是否准确及全面直接决定应用系统的成效。画像库的建设主要包括标签建模（企业画像标签建设）、业务建模（支撑上层业务应用的预测标签）。

企业画像标签库基于原始数据，建立企业的事实标签；进一步对标签建模，进行分类、聚类、回归处理，形成业务模型标签；在此基础上，按照分析模型进行分类预测，最终形成预测标签，如图 12-5 所示。

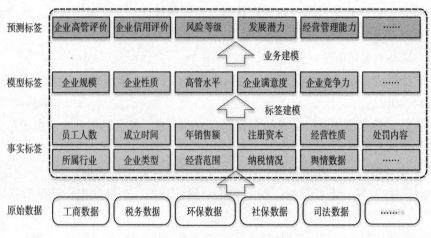

图 12-5　画像库建设

1. 标签建模

企业信用画像的重点工作就是为企业打标签，而标签通常是高度精炼的企业特征标识，如企业规模、企业性质、企业满意度等，最后将企业的所有标签综合起来，就可以勾勒出该企业的立体画像了。当然，这个过程也是循序渐进的，随着企业数据的不断采集，企业画像标签也在不断丰富、不断完善。

根据原始数据的事实标签维度进行标签建模，得到企业的模型标签，刻画企业全方位信息的特征，主要是将传统方法难以量化分析的、非结构化的企业相关数据，通过数据挖掘和统计建模的分析方法，转化为可量化、可比较、可理解的标签数据。一般来说，标签建模是原始数据加工后的中间产物，是企业大数据积累到大数据应用的必经之路。同时，该过程也是整个画像库建设中的核心环节，涉及标签体系范围、如何建立标签。

具体步骤如下。

1）**标签体系范围**：标签体系是企业多角度的信息展示，所以一方面通过企业的特征描述来划定标签内容，如企业规模、企业性质、成长能力等；另一方面以上层的应用为导向，根据业务模型所需的输入参数来确定标签内容，比如信用评价模型常常会考虑财务状况，进而需要企业资产能力、盈利能力等。

2）**建立标签**：常用的建模方法有分类模型、聚类模型、回归预测、时序分析、主题抽取、复杂网络分析。分类模型就是根据事物已知的特征或属性、将未知类别的事物划分到已有的类别中，如可以根据企业人数、资产数量等来判断企业属于何种规模的企业。聚类算法是基于一批事物的属性，把相似的事物聚成一簇，从而得到若干簇相似的事物集合。聚类算法通常并不需要使用训练数据进行学习，所以又称为无监督聚类，常用的聚类算法包含 K 均值聚类、K 中心值聚类、层次聚类、密度聚类、EM 等。回归预测是在分析自变量和因变量关系的基础上，建立变量之间的回归方程，并将回归方程作为预测模型，根据自变量在预测期的数量变化预测因变量。主题抽取是对文档中隐含主题进行建模和抽取的方法。复杂网络分析是由数量巨大的节点和节点之间错综复杂的关系共同构成的网络结构。复杂网络具有简单网络所不具备的特性，而这些特性往往出现在真实世界的网络中。通过企业之间的关联信息，可以在企业之间建立企业权属、企业借贷、企业商业往来的复杂网络。

2. 业务建模

基于模型标签，着眼于上层的业务应用，选择合适的业务建模方法，计算出相应的预测标签，以供应用系统功能调用。涉及的预测标签主要有企业分类评价、企业信用评价、风险预警等。随着企业画像标签的不断丰富，此处的业务模型也在不断完善。

企业分类评价主要通过企业基本面数据、近期处罚类数据判断企业在政府监管层面上的评定等级。

企业信用评价从基本面数据、财务数据、舆情评论、高管个人信用等方面，通过逻辑回归、决策树等建模方法，不断地进行循环验证，综合给出企业信用评价等级。

企业风险预警是结合企业动态的经营数据（如员工人数、注册地变化、现金流变化、企业用电变化），运用不对称分析和趋势分析，及时识别出企业的风险信号，并给出企业的风险等级。

12.2.5　征信评分模型

企业征信画像工作中在构建预测标签的时候，涉及构建征信评分模型。征信评分模型主要解决信用分值计算和信用等级划分。常用的算法包括逻辑回归、决策树、支持向量机、随机森林、XGBoost 等传统的机器学习算法以及多层神经网络等深度学习算法。

征信评分模型使用神经网络技术，该技术模拟人脑功能的基本特征，适合处理需要同时考虑许多因素和条件的非线性问题，如图 12-6 所示。

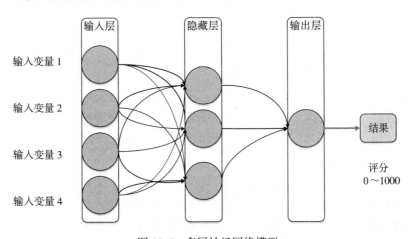

图 12-6　多层神经网络模型

多层神经网络每层的输出是下层网络训练的输入，最终得出一个 1 ~ 1000 的评分，用来刻画企业征信在金融活动上的得分。

12.3 企业征信大数据应用

企业征信大数据应用的样本量巨大并不是指绝对的数据量大，而是指覆盖了常规的信贷数据以外的数据，企业征信大数据应用范畴包括：企业信用调查、金融行业的风险控制、资本市场资信评级、商业市场企业资信调查等。

12.3.1 企业信用报告

随着企业征信大数据融合到企业具体活动中，企业信用已经成为商业银行审核贷款、审核担保人资格、审核企业法人贷款资格、进行贷后风险管理等业务的必备环节。企业信用报告是企业征信大数据最常用的形式，能够有效整合政府数据源，主要包括 5 大类数据，所涉及的企业信息模型如图 12-7 所示。

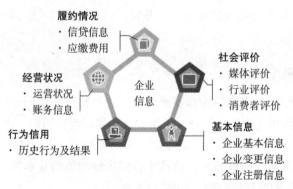

图 12-7 企业信息模型

对这些信息做简单说明。

1）基本信息：企业基本信息、主要出资人信息、企业法人、企业高管人员信息、有直接关联关系的其他企业、企业所获得的相关荣誉 / 证书 / 专利 / 行政许可等。

2）经营状况：收支情况、资产负债情况、利润情况、现金流量。

3）履约情况：贷款还款、水电气缴费、社保缴纳、公积金缴纳、纳税信息等。

4）行为信用：正向行为（获奖信息、资质信息等）、负向行为（行政处罚、投诉举报、质量检测、法院判决等信息）。

5）社会评价：媒体评价、行业评价、消费者评价等。

除了企业信息模型之外，企业信息报告还包括企业关系圈，基于公安户籍数据、工商等数据，梳理出企业与企业、个人与企业之间的关联关系，并提供可视化展示。通过企业关联关系层层穿透，揭露企业实际控制者，为关联交易的识别提供依据，有效防范金融风险，如图 12-8 所示。

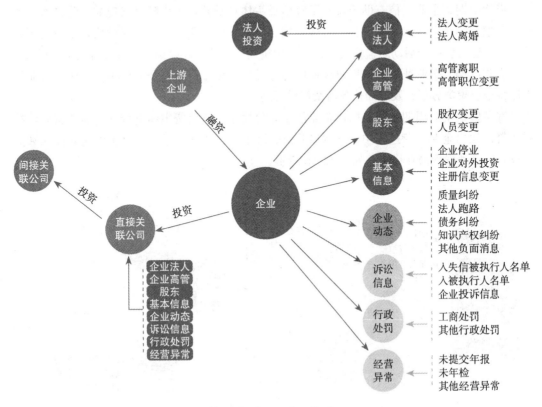

图 12-8　企业关联关系

12.3.2　企业风控管理

企业风控管理主要是指金融机构对于风险的控制从而使财务损失降低。对于任何一家金融机构（包括银行、小贷、P2P 等）来说，风控的重要性超过流量、体验、品牌这些人们熟悉的指标。风控做得好与坏直接决定了一家公司的生与死，而且其试错代价是无穷大的，往往一旦发现风控出了问题的时候就已经无法挽回了。

企业征信在风控管理中的应用主要包括贷前企业信用评价、贷中风险预警、贷后债务清收，如 12-9 所示。

贷款前期，企业征信服务精准获客、甄别优质的借贷客户，依托企业公共信用数据、互联网公开数据，利用大数据分析技术，建立贷前审批模型，为贷款审批评估、快速放贷提供

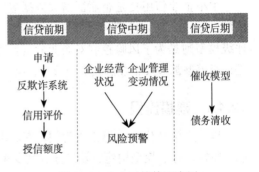

图 12-9　企业风控管理应用

决策依据。

贷款中期，企业征信有助于及时了解信贷主体在贷款过程中随时出现的风险，通过企业工商信息变更、法人信用变化、行政处罚、经营指标变化、企业差评指数等企业信用异动指标，建立贷中贷后动态监控模型，为金融机构提供信贷风险预警，有效防范金融风险。

贷款后期，企业征信能够搭建企业信用分类评级模型，根据企业信用度、所属行业等维度将企业聚类分群，及时为债务清偿提供帮助。

贯穿信贷生命周期，通过构建企业信用评价模型，对信贷主体进行基本面的实时监控和预警，找出企业经营过程中的异常风险点，降低金融机构在过程监管中的时间投入和人力投入，迅速发现潜在风险，如图 12-10 所示。

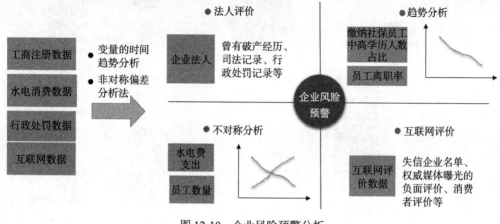

图 12-10 企业风险预警分析

常用的企业风险预警分析主要通过变量的时间趋势分析、非对称偏差分析，找出法人评价、趋势分析、不对称分析、互联网评价中的风险点，并及时进行预警。

12.4 企业法人资产建模实践

中小企业信用贷是企业征信大数据应用的常用场景，信用贷模型包括准入模型和评级模型。其中，准入模型为根据专家经验结合相应的业务指标设计的一系列信贷准入规则，评级模型则是为了风险控制对企业的资信进行评级时所使用的模型。无论是准入模型，还是评级模型都涉及企业法人资产建模，接下来我们以此进行实践。

12.4.1 建模流程

以法人资产模块建模流程为例，在获取建模指标后，我们通过数据质量检查、样本抽取、特征选择、模型构建、效果分析等步骤构建数据模型。

下面具体说明这一流程。

1. 数据质量检查

数据质量检查包括数据的完整性检查、数据的逻辑性检查等。数据的完整性检查：对字段的缺失情况进行分析，分析每个字段的缺失比例，对于缺失比例超过 80% 的字段，尽量不在模型中使用。数据的逻辑性检查：检查字段的数据分布是否符合业务逻辑，如企业法人的房产数量字段，如果取值大部分为 0，那么就需要返回数据源查看字段是否存在错误。

2. 样本抽取

样本抽取包括正负样本的抽取。负样本：分为信贷违约、买卖违约等两类样本；正样本：未发生信贷违约和买卖违约的样本。

建模样本集：一般而言，负样本企业较少，为充分利用负样本信息，建模样本通常保留所有负样本企业。同时，为保证模型的科学性，我们按照正负样本 5∶1 的比例，在全部正样本中随机抽取作为建模样本的正样本，最终把包含正负样本的企业作为建模样本集。

补充样本集：为减小样本抽取随机性所带来的建模误差，我们一共进行 5 次抽取，得到 5 组建模样本。经实际对比，5 次数据分箱没有显著性差异，这表明数据抽取稳定合理，可用于进一步建模。

3. 特征选择

在获取到随机样本数据的指标后，由于数据特征维度通常很高，所以需要对建模数据进行特征选择，选择比较重要的特征来建模。一般采用指标的 IV（Information Value，信息值）和指标间的相关性来进行特征选择。

特征选择的具体过程如下所示。

1）对数值型字段缺失值填充为 −1；对指标进行有监督的卡方离散化分箱，−1 单独分成一箱；每箱要同时包含正负样本，且每箱的 BadRate 要单调。

2）计算每个指标的 WOE 值和 IV，选取 IV 大于等于 0.02 的变量。

3）对 IV 大于等于 0.02 的指标进行 WOE 值编码，以替换原始变量；计算经 WOE 值编码后的变量之间的相关系数，如果两个变量的相关系数大于 0.7，那么剔除这两个变量中 IV 较小的一个。

4. 模型构建

根据需求理解对信用评分的建模方法做出说明，设计变量名称、变量值、变量描述，如表 12-3 所示，数据部分随机产生，主要用来说明 Spark 建立逻辑回归的流程。

表 12-3　法人资产的信用评分建模

变量名称	变量值	变量描述
是否违约	0,1	0 表示不违约，1 表示违约
法人性别	0,1	1 表示男，0 表示女
法人年龄	0～100	年龄（随机化处理）

（续）

变量名称	变量值	变量描述
结婚年限	0～100	结婚年限（随机化处理）
是否有子女	0,1	0 表示没有，1 表示有
法人房产数量	0～100	房产的量级（数据进行随机化处理）
企业资产等级	0～100	数据进行随机化处理
法人名下机动车的数量	0～100	数据进行随机化处理
配偶名下的机动车数量	0～100	数据进行随机化处理

5. 效果分析

以本章提供的测试代码为例，使用逻辑回归对 IV 选择的指标做进一步选择和显著性检验，结果如表 12-4 所示。

表 12-4 结果指标选择和显著性检验

变量名称	变量解释	变量系数
load_label	是否违约	0.861 230 641
gender	法人性别	0.443 503 406
age	法人年龄	−0.044 020 219
yearsmarried	结婚年限	0.110 951 313
children	是否有子女	0
housenumber	法人房产数量	−0.313 590 289
captiallevel	企业资产等级	0.073 802 466
facarnumber	法人名下机动车的数量	−0.010 162 931
pacarnumber	配偶名下的机动车数量	−0.508 835 444

12.4.2 数据准备

用于企业法人建模的数据包含企业法人个人信息及资产情况，文件名为 creditdata.txt。数据格式如下：

```
load_label,gender,age,yearsmarried,children,housenumber,
captiallevel,facarnumber,pacarnumber
```

字段含义参考上一节。

样例如下：

```
0,1,37,10,0,3,18,7,4
0,0,27,4,0,4,14,6,4
0,0,32,15,0,1,12,1,4
0,1,57,15,0,5,18,6,5
0,1,22,0.75,0,2,17,6,3
0,0,32,1.5,0,2,17,5,5
0,0,22,0.75,0,2,12,1,3
```

12.4.3　模型工程实现

创建评分模型属性类，并对字段进行命名。

```
case class
Credit(load_label:Double,gender:Double,age:Double,yearsmarried:Double,children:D
ouble,housenumber:Double,captiallevel:Double,facarnumber:Double,pacarnumber:Double)
```

解析输入输出参数，并创建 Spark 实例。

```
val creaditInPath = args(0)
val output = args(1)
val spark = SparkSession.builder.master("local").appName("CreditModel
Example").getOrCreate()
```

接下来，导入数据源，对各个变量进行 DataFrame 的数据格式转化。

```
import spark.implicits._
// 加载文本，并创建 RDD 数据源，将变量的名称赋予各个字段
val creditDF = spark.sparkContext.textFile(args(0)).map(_.split(","))
  .map(attributes =>
Credit(attributes(0).trim.toDouble,attributes(1).trim.toDouble,attributes(2).
trim.toDouble,attributes(3).trim.toDouble,attributes(4).trim.toDouble,attributes(5).
trim.toDouble,attributes(6).trim.toDouble,attributes(7).trim.toDouble,attributes(8).
trim.toDouble))
    .toDF()
```

使用测试数据，执行结果如图 12-11 所示。

load_label	gender	age	yearsmarried	children	housenumber	captiallevel	facarnumber	pacarnumber
0.0	1.0	37.0	10.0	0.0	3.0	18.0	7.0	4.0
0.0	0.0	27.0	4.0	0.0	4.0	14.0	6.0	4.0
0.0	0.0	32.0	15.0	0.0	1.0	12.0	1.0	4.0
0.0	1.0	57.0	15.0	0.0	5.0	18.0	6.0	5.0
0.0	1.0	22.0	0.75	0.0	2.0	17.0	6.0	3.0
0.0	0.0	32.0	1.5	0.0	2.0	17.0	5.0	5.0
0.0	0.0	22.0	0.75	0.0	2.0	12.0	1.0	3.0
0.0	1.0	57.0	15.0	0.0	2.0	14.0	4.0	4.0
0.0	0.0	32.0	15.0	0.0	4.0	16.0	1.0	2.0
0.0	1.0	22.0	1.5	0.0	4.0	14.0	4.0	5.0
0.0	1.0	37.0	15.0	0.0	2.0	20.0	7.0	2.0
0.0	1.0	27.0	4.0	0.0	4.0	18.0	6.0	4.0
0.0	1.0	47.0	15.0	0.0	5.0	17.0	6.0	4.0
0.0	0.0	22.0	1.5	0.0	2.0	17.0	5.0	4.0
0.0	0.0	27.0	4.0	0.0	4.0	14.0	5.0	4.0
0.0	0.0	37.0	15.0	0.0	1.0	14.0	5.0	5.0
0.0	0.0	37.0	15.0	0.0	2.0	18.0	4.0	3.0
0.0	0.0	22.0	0.75	0.0	3.0	16.0	5.0	4.0
0.0	0.0	22.0	1.5	0.0	2.0	16.0	5.0	5.0
0.0	0.0	27.0	10.0	0.0	2.0	14.0	1.0	5.0

图 12-11　测试数据执行结果

创建临时视图，并完成结果 DataFrame 转化，使用 show 方法展示数据。

```
creditDF.createOrReplaceTempView("creditdf")
// 将查询结果放到 sqlDF 中
val sqlDF = spark.sql("select * from creditdf")
sqlDF.show()
```

将自变量和目标变量分开，把自变量集设置为 featrues，并将原始数据集按照 7:3 划分为训练集和测试集，使用训练集数据，调用逻辑回归模型，进行训练。

```
// 定义自变量的列名
val colArray2 = Array("gender","age","yearsmarried","children","housenumber","ca
ptiallevel","facarnumber","pacarnumber")
// 设置 DataFrame 自变量集，并将这些变量统称为 "features"
val vecDF: DataFrame = new VectorAssembler().setInputCols(colArray2).
setOutputCol("features").transform(sqlDF)
// 按 7:3 划分成训练集和测试集，训练集为 trainingDF，测试集为 testDF
val Array(trainingDF,testDF) = vecDF.randomSplit(Array(0.7, 0.3), seed=132)
// 建立逻辑回归模型，设置目标变量（标签）和自变量集，在训练集上训练
val lrModel = new LogisticRegression().setLabelCol("load_label").
setFeaturesCol("features").fit(trainingDF)
```

输出逻辑回归的系数和截距，并进行输出。

```
println(s"Coefficients: ${lrModel.coefficients} Intercept: ${lrModel.
intercept}")
```

结果如下：

```
Coefficients: [0.32935183225428266,-0.03465840316557745,0.10538351815881136,
0.0,-0.3994391181451687,0.04099958305544244,0.08838475126015376,-0.4140220759857455]
Intercept: 0.6354955225345407
```

模型参数设置如下：

```
// 惩罚项，值域 [0-1]，0 指 L2 正则惩罚，1 指 L1 正则惩罚，0 ~ 1 之间是 L1、L2 混合惩罚
lrModel.getElasticNetParam
// 正则化的参数，一般大于等于 0，默认是 0
lrModel.getRegParam
// 拟合之前是否需要标准化，默认是 true
lrModel.getStandardization
// 在二分类中设置阈值，范围为 [0,1]，如果类标签为 1 的概率大于该阈值，则会判定为 1，默认是 0.5
lrModel.getThreshold
// 设置迭代的收敛容限，默认值为 1e-6
lrModel.getTol
```

使用测试集进行预测，包括原始的字段，再加上综合的自变量集字段 features、预测的原始值、转化的概率值、预测的类别。

```
lrModel.transform(testDF).show
// 查看 features、预测的原始值、转化的概率值、预测的类别
lrModel.transform(testDF).select("features","rawPrediction","probability","prediction" ).show(30,false)
```

结果如图 12-12 所示。

features	rawPrediction	probability	prediction
[0.0,22.0,0.125,0.0,2.0,16.0,6.0,3.0]	[0.9684590351378841,-0.9684590351378841]	[0.7248122442804736,0.2751877557195264]	0.0
[0.0,22.0,0.125,0.0,4.0,12.0,4.0,5.0]	[2.936149258141789,-2.936149258141789]	[0.9496047661444006,0.05039523385559374]	0.0
[0.0,22.0,0.75,0.0,2.0,12.0,1.0,3.0]	[1.5085164248111655,-1.5085164248111655]	[0.8188412370018989,0.18115876299810105]	0.0
[0.0,22.0,0.75,0.0,2.0,16.0,5.0,4.0]	[1.4050011635345263,-1.4050011635345263]	[0.8029762984836203,0.1970237015163797]	0.0
[0.0,22.0,0.75,0.0,2.0,16.0,5.0,5.0]	[1.8190232395202717,-1.8190232395202717]	[0.860448882456747,0.139551117543253]	0.0
[0.0,22.0,0.75,0.0,3.0,16.0,1.0,5.0]	[2.5720013627060556,-2.5720013627060556]	[0.9290377523159654,0.07096224768403456]	0.0
[0.0,22.0,0.75,0.0,5.0,18.0,1.0,5.0]	[3.2888804328855077,-3.2888804328855077]	[0.9640453679524361,0.03595463204756383]	0.0
[0.0,22.0,1.5,0.0,2.0,14.0,4.0,5.0]	[1.9103695182722018,-1.9103695182722018]	[0.8710606556160494,0.12893934438395058]	0.0
[0.0,22.0,1.5,0.0,2.0,14.0,5.0,5.0]	[1.8219847670120477,-1.8219847670120477]	[0.8608041129463866,0.1391958870536133]	0.0
[0.0,22.0,1.5,0.0,2.0,16.0,4.0,5.0]	[1.8283703521613166,-1.8283703521613166]	[0.8615674749244486,0.13843252507555126]	0.0
[0.0,22.0,1.5,0.0,2.0,18.0,5.0,5.0]	[1.6579864347902782,-1.6579864347902782]	[0.8399675206720131,0.16003247932798698]	0.0
[0.0,22.0,1.5,0.0,3.0,16.0,5.0,5.0]	[2.139424719046332,-2.139424719046332]	[0.8946764137560842,0.10532358624391584]	0.0
[0.0,22.0,1.5,0.0,3.0,17.0,5.0,5.0]	[2.0984251359908894,-2.0984251359908894]	[0.8907500161036547,0.1092499838963453]	0.0
[0.0,22.0,1.5,0.0,4.0,14.0,5.0,4.0]	[2.20684092731664,-2.20684092731664]	[0.9008621485654381,0.09913785143456201]	0.0
[0.0,22.0,1.5,0.0,4.0,16.0,5.0,3.0]	[1.71081968522001,-1.71081968522001]	[0.8469425709489931,0.153057429051007]	0.0
[0.0,22.0,4.0,0.0,4.0,14.0,5.0,5.0]	[2.3574042079053568,-2.3574042079053568]	[0.9135209568454487,0.08647904315455145]	0.0
[0.0,27.0,0.75,0.0,2.0,17.0,5.0,3.0]	[1.1232715203212258,-1.1232715203212258]	[0.7545950455189472,0.24540495448105276]	0.0
[0.0,27.0,0.75,0.0,4.0,16.0,5.0,5.0]	[2.7911934916384964,-2.7911934916384964]	[0.9421980776188759,0.05780192238112418]	0.0
[0.0,27.0,1.5,0.0,2.0,16.0,5.0,5.0]	[1.9132776167290504,-1.9132776167290504]	[0.8713869234572853,0.12861307654271478]	0.0
[0.0,27.0,4.0,0.0,2.0,18.0,5.0,5.0]	[1.567819655221137,-1.567819655221137]	[0.8274725560703112,0.17252744392968802]	0.0
[0.0,27.0,4.0,0.0,3.0,16.0,5.0,4.0]	[1.6352358634914452,-1.6352358634914452]	[0.8368856376871698,0.16311436231283016]	0.0
[0.0,27.0,4.0,0.0,3.0,17.0,5.0,5.0]	[2.008258356421748,-2.008258356421748]	[0.8816614293398626,0.11833857066013741]	0.0
[0.0,27.0,4.0,0.0,4.0,14.0,5.0,4.0]	[2.116674147747499,-2.116674147747499]	[0.8925132857277487,0.10748671427225129]	0.0
[0.0,27.0,4.0,0.0,4.0,18.0,5.0,4.0]	[1.9526758155257289,-1.9526758155257289]	[0.8757381192538753,0.12426188074612467]	0.0
[0.0,27.0,7.0,0.0,2.0,12.0,1.0,2.0]	[0.6091393761607362,-0.6091393761607362]	[0.6477444571612845,0.35225554283871546]	0.0
[0.0,27.0,7.0,0.0,2.0,12.0,5.0,1.0]	[-0.15842170486562418,0.15842170486562418]	[0.4604771993102627,0.5395228006897373]	1.0
[0.0,27.0,7.0,0.0,2.0,16.0,1.0,2.0]	[0.4451410439389667,-0.4451410439389667]	[0.6094833544934398,0.39051664550656023]	0.0

图 12-12 执行结果

模型训练过程中损失的迭代情况。

```
val trainingSummary = lrModel.summary
val objectiveHistory = trainingSummary.objectiveHistory
objectiveHistory.foreach(loss => println(loss))
```

结果输出:

```
0.5529478571179017
0.5186039852623551
0.5073575433289207
0.5070733669828129
0.5068111155438824
0.5050121931597177
0.5035632865904256
0.501798443786108
0.5009850370242648
0.5007053753758598
0.5004862839139607
0.5002274048526612
```

12.5 本章小结

在"互联网+"背景下,大数据技术的企业征信业务应用领域将不断拓展,企业征信已经和人类生活息息相关,在妥善解决企业信息安全与隐私保护的前提下,研究企业征信画像,有利于充分利用现有的数据资源,实现企业征信大数据的应用。

本章只是简单介绍了征信的发展过程,以及企业征信的大数据平台和应用,并对企业法人资产建模过程进行实践,使读者对企业征信大数据应用有一个初步的了解。在实际需要构建企业征信大数据相关应用的时候,能够作为一个参考,给读者一些启发。最后需要强调的是,企业征信一定要结合实际需求,脱离实际需求构建企业征信大数据应用是没有意义的。

智慧交通大数据应用

其出弥远，其知弥少。

——《道德经》第四十七章

如果没有自己的世界观和方法论，不能够将繁复而相互矛盾的见识整合为一体，那么更多的见识不仅无法指导你的行动，还会干扰你的决策，破坏你的认识。导致走出户外愈远，领悟道理愈少。

歧路亡羊，路在我们的脚下，但方向却各不相同，每一条路都会有不同的风景。每一处风景都说明一些东西，但支离破碎，不成体系，只能称之为见识。只有在世界观和方法论指导下，见识才能转变成知识，这些不同的经历，解答了我们心中的迷惑，会为前行的道路指明方向。

在前面众多章节中，我们从细节、应用实现等方面介绍了机器学习的众多算法，本章将讲述机器学习算法与交通业务相结合，通过人群生活模式划分和道路拥堵模式聚类两个场景，介绍典型的聚类、分类算法，以及相关结果分析，实现交通数据的价值挖掘，让城市交通更加智慧。

13.1　智慧交通大数据概述

智慧交通大数据应用是以物联网、云计算、大数据等新一代信息技术，结合人工智能、机器学习、数据挖掘、交通科学等理论与工具，建立起的一套交通运输领域全面感知、深度融合、主动服务、科学决策的动态实时信息服务体系。智慧交通的首要任务是基于人工智能和大数据技术的叠加效应，结合交通行业的专家知识库，建立交通数据模型，解决城市交通问题。

智慧交通大数据模型主要分为城市人群时空图谱、交通运行状况感知与分析、交通专项数字化运营和监管、交通安全分析与预警等几大类。本章讲解城市人群时空图谱中的人群生活模式划分模型，以及交通运行状况感知与分析中的道路拥堵模式聚类模型。

13.2 人群生活模式划分

城市人群时空图谱描述着我们所生活的城市中聚集的各行各业的人群的轨迹，包括公职人员、商场精英、高校学子、服务人员等，凭借着性别、年龄、职业等显著性特征，对形形色色的人群进行分类。对于智慧交通大数据而言，这些简单的分类远远不能满足实际的需要，因此有必要进一步掌握人群本质属性划分，合理把控各类人群的数量分布，以及聚集地随时间的变迁关系等各项指标。

是否能通过人群的生活模式特点，从更科学的角度为一群人贴上相应的标签，服务于智慧交通，为建设美好城市添砖加瓦呢？答案不言而喻，本节介绍一种生活模式划分方法，从人们的作息习惯、访问位置切换模式的变化中，提炼每个人的生活模式特点，从而实现理想的生活模式挖掘。

13.2.1 数据介绍

本节使用的数据来自于某运营商手机信令数据，数据包含某区域用户一段时间的信令基站交互数据，数据全程脱敏以保证数据隐私与安全。

具体数据格式如表 13-1 所示。

样例数据如下：

```
20160503054910,209059,898
20160503054915,209059,898
20160503055052,209059,898
20160503055234,209059,898
20160503055245,209059,898
......
```

表 13-1 某运营商手机信令数据格式

字　段	说　明
Time_stamp	此次交互的时间戳
Cell_id	表示与用户交互的基站编号
User_id	用户唯一标识

13.2.2 数据预处理

原始手机信令数据中存在大量的无用数据，为了有效地对数据进行分析，我们需要对数据进行预处理。数据预处理过程一般包括数据 ETL 过程，将数据从源数据库向目标数据库传输，并对数据进行有效治理。

数据 ETL 的工作量非常大，在一般的数据分析中，ETL 的工作占比通常在 50% 以上，具体 ETL 步骤可以参考第 2 章中的数据预处理步骤，实现原始数据抽取、清洗转换和加载的过程。

13.2.3　特征构建

在对原始数据完成 ETL 步骤之后，需要对数据进行分析，根据业务需求进行建模，需求包括：人群生活模式分析，对于不同生活模式人群，访问位置信息随时间变化的情况不同，例如普通白领上班族（工作日大多朝九晚五，访问位置局限于工作地、居住地两处）；外卖小哥（日常固定活动范围内，访问位置频繁变动）。

根据需求接下来需要完成位置筛选和位置编码。

1. 位置筛选

以单个用户为例，按工作日（星期一至星期五）、节假日（星期六、星期日）分别统计其平均半个小时内访问位置的切换情况，并作为人群生活模式划分的特征标准，实现人群生活模式聚类。

具体代码如下：

```
// 初始化 SparkContext
val conf = new SparkConf().setAppName(this.getClass.getSimpleName)
val sc = new SparkContext(conf)

// 清洗数据，通过 split(",") 切分数据，得到 User_id Time_stamp Cell_id 三个维度的数据列表。
(Time_stamp,Cell_id,User_id)-> (User_id,Time_stamp,Cell_id)
val data = sc.textFile(inPath).map(_.split(",")).map{
  x => (x(2),x(0),x(1))
}
//data.coalesce(1).saveAsTextFile(output)
```

结果输出如下：

```
(898,20160503054854,209059)
(898,20160503054909,209059)
(898,20160503054910,209059)
(898,20160503054915,209059)
(898,20160503055052,209059)
(898,20160503055234,209059)
(898,20160503055245,209059)
(898,20160503055253,209059)
(898,20160503055320,209059)
(898,20160503055348,209059)
(898,20160503055400,209059)
(898,20160503055412,209059)
......
```

```
// 根据 Time_stamp 分析当前日期是工作日还是节假日，并添加 time 标签标识 HH:mm，添加 work_flag
标签标识工作日（work_falg=1）或节假日（work_flag=0）
// 输出：(User_id,work_flag,date_time,Cell_id)
val preData =  data.map{
  case (preUser_id,preTime_stamp,preCell_id) =>{
    // 将日期转变成星期格式，获取工作日（星期一至星期五）和节假日（星期六、星期日）
```

```scala
    val sdf = new SimpleDateFormat("yyyyMMddHHmmss") //24 小时工作制
    val date = sdf.parse(preTime_stamp)
    val cal = Calendar.getInstance
    cal.setTime(date)
    var w = cal.get(Calendar.DAY_OF_WEEK) - 1

// 工作日默认为 1，节假日默认为 0
    var work_flag = 1
    if( w<=0 || w>=6 ){ work_flag =0 }

// 按照半小时间隔处理时间
    val time_ = preTime_stamp.substring(8,12)// 截取指定位置的元素，包括前面的元素，不包
括后面的元素
    var minute_ = "00"
    if(time_.substring(2).toInt>=30){minute_ = "30"}
    val date_time = date_.toString + time_.toString.substring(0,2)+ minute_
    ((preUser_id,work_flag,date_time,preCell_id),1)
    }
}
//preData.coalesce(1).saveAsTextFile(output)
```

结果输出如下：

```
((898,1,0530,209059),1)
((898,1,0530,209059),1)
((898,1,0530,209059),1)
((898,1,0530,209059),1)
((898,1,0530,209059),1)
((898,1,0530,209059),1)
((898,1,0530,209059),1)
((898,1,0530,209059),1)
((898,1,0530,209059),1)
......
```

```scala
// 使用 reduceByKey(_+_) 对 (User_id,work_flag,date_time,Cell_id) 访问次数进行聚合，根据
聚合结果，选择用户某段时间在 30 分钟间隔内访问次数最多的基站为标准访问地点
    val aggData = preData.reduceByKey(_+_)
    .map{x=>((x._1._1,x._1._2,x._1._3),(x._1._4,x._2))}
    .reduceByKey((a,b)=>if(a._2>b._2) a else b)// 选取访问次数最多的 cell
//aggData.coalesce(1).saveAsTextFile(output)
```

输出结果如下：

```
((915,1,0800),(45100,26))
((521,0,1100),(78858,28))
((746,0,2130),(74900,3))
((661,0,0400),(130425,41))
((919,0,2130),(78861,7))
((786,0,1730),(75505,20))
((828,0,0730),(204812,33))
((918,0,1700),(153490,4))
```

```
((613,0,2200),(74354,1))
((633,0,2100),(80268,41))
((206,1,0830),(45508,7))
((915,0,0600),(48088,33))
((919,1,0830),(106835,11))
······
```

// 获取用户工作日 24 小时的访问地点 Cell_id、节假日 24 小时的访问地点 Cell_id，以 30 分钟为最小时间粒度划分时间片，得到 User_id 工作日 48 维时间片访问 Cell_id 和节假日 48 维时间片访问 Cell_id，共计 96 维时间片

```
//(User_id,work_flag,date_time),(Cell_id,nums)->(User_id,work_flag),(date_time,Cell_id)
val slotData = aggData
.map{ x=>((x._1._1,x._1._2),(x._1._3+":"+x._2._1))}
.reduceByKey(_+" "+_)
//slotData.coalesce(1).saveAsTextFile(output)
```

输出结果如下：

```
((53,0),1900:24859;2130:36187;1700:24859;1230:61240;0000:24859;1300:61240;1330:58259;0230:24859;0430:24859;1530:58259;0900:61240;0130:24859;2000:24859;2200:36187;0300:36187;1830:24859;0600:24859;2300:36187;1200:61240;0200:24859;1730:24859;2030:24859;0030:24859;0400:24859;1500:58259;0630:24859;1100:58259;1430:58259;0730:39170;0700:24859;0930:61240;0100:24859;1030:58259;0330:36187;1130:58259;1930:24859;1800:24859;2100:33198;2330:36187;2230:20691;1630:39170;1600:61240;1000:58259;1400:58259)
((147,0),0330:24859;1600:24859;0900:56423;1430:24859;2000:24859;1200:24859;2300:24859;1000:60010;1930:24859;1800:24859;0700:56423;1330:24859;2230:24859;2100:24859;0600:24859;1700:24859;0130:24859;1830:24859;2200:24859;1500:24859;0100:24859;2030:24859;1400:24859;1530:24859;0030:24859;0930:61197;0400:24859;0300:24859;0430:24859;2130:24859;1030:57628;1100:39161;1300:24859;0730:56423;1630:24859;0630:41524;1730:24859;1900:24859;0230:24859;1230:24859;0000:24859;1130:24859;0200:24859;2330:24859)
```

2. 位置编码

经过上述位置筛选后，得到用户访问位置的 Cell_id 列表，为了便于理解程序以及计算，需要对这些 Cell_id 进行编码，具体代码如下：

```
// 根据聚合结果，提取所有用户访问的基站并进行重新编码，获得用户访问位置列表 Cell_id，并进行排序
// 去重
(User_id,work_flag,date_time),(Cell_id,nums)
val minCell = aggData.map(x => x._2._1)
.sortBy(x=>x.toLong,true)
.collect()
.distinct

// 使用 zip 方法从 1 开始对用户访问地址进行编码，并保存，得到的 index_list 即为用户访问位置编码
// 特征向量
val index_list = minCell.zip(Stream from 1).toMap
println(indexes)
```

输出结果如下：

```
Map(10456 -> 1,17649 -> 2,19365 -> 3,20691 -> 4, 21767 -> 5, 24770 -> 6,······)
```

13.2.4 生活模式挖掘

前面章节已经介绍了数据预处理、特征构建等步骤，接下来基于用户访问位置特征矩阵进行聚类建模，实现人群生活模式聚类。

1. 距离矩阵构建

谈及聚类算法，本书第4章详细介绍了各种聚类算法的原理以及优缺点。在聚类算法中，公认的比较重要的一项指标便是距离函数的定义，例如欧式距离、余弦距离等，如何根据需求选择最好的距离函数，并将其应用到项目中，是聚类效果的先决保证。

常用的距离函数如下。

（1）欧氏距离

欧氏距离是一种最易于理解的距离计算方法，源自欧氏空间中两点间的距离公式。二维平面上的两点 $a(x_1, y_1)$ 与 $b(x_2, y_2)$ 的欧氏距离如下：

$$d_{12} = \sqrt{(x_1 - x_2)^2 + (y_1 - y_2)^2}$$

（2）余弦距离

几何中的夹角余弦可用来衡量两个向量方向的差异，机器学习借用这一概念来衡量样本向量之间的差异。在二维空间中向量 $A(x_1, y_1)$ 与向量 $B(x_2, y_2)$ 的夹角余弦公式如下：

$$\cos \alpha = \frac{x_1 x_2 + y_1 y_2}{\sqrt{x_1^2 + x_2^2} \sqrt{y_1^2 + y_2^2}}$$

（3）杰卡德相似系数

两个集合 A 和 B 的交集元素在 A、B 的并集中所占的比例，称为两个集合的杰卡德相似系数（Jaccardsimilarity Coefficient），用符号 $J(A, B)$ 表示。杰卡德相似系数是一种衡量两个集合相似度的指标。

$$J(A, B) = \frac{|A \cap B|}{|A \cup B|}$$

（4）编辑距离

编辑距离（Edit Distance），又称为 Levenshtein 距离，主要用来比较两个字符串的相似度，是指两个字串之间，由一个转成另一个所需的最少编辑操作次数，如果它们的距离越大，则说明它们越是不同。许可的编辑操作包括将一个字符替换成另一个字符，插入一个字符，删除一个字符。

在人群生活模式划分算法中，使用的距离函数是编辑距离的一种变种形式，具体说明如下：user_1 的位置编码与 user_2 的位置编码在改变最小位数的情况下，能保证两人地理位置访问模式相同，如表 13-2 所示。

表 13-2　user_1 与 user_2 的位置编码

user_1	1	1	1	2	3	1	1	2	2		3	3	3
user_2	1	1	2	3	2	1	1	4	4		2	2	2
改变			1	4				2	2				

上述 user_1 与 user_2 访问位置的编码中，最小编辑距离为 4，只需要替换 user_2 中对应的 4 个访问位置，便能得到与 user_1 访问位置相同的模式。

因此，dis(user_1,user_2) = 4。

2. 聚类模型

常用聚类方法有 KMeans、KMedoids 等，更多算法可以参考第 4 章的内容，本节使用 KMedoids 聚类方法实现具体聚类过程，具体过程如下。

1）首先随机选取一组聚类样本作为中心点集，初始化聚类中心点。

2）每个中心点对应一个簇。

3）计算各样本点到各个中心点的距离，将样本点放入距离中心点最短的那个簇中，实现初步的样本点分类。

4）计算各簇中，距簇内各样本点距离的绝度误差最小的点，作为新的中心点，迭代初始选择的聚类中心点。

5）如果新的中心点集与原中心点集相同，算法终止；如果新的中心点集与原中心点集不完全相同，返回步骤 2）。

读者可以根据特征处理结果编写具体代码，案例的聚类模型构建过程主要包括：① 距离矩阵读取；② 特征向量读取；③ 聚类实现过程。读取距离矩阵，并根据随机选取的初始化原聚类中心点，分别将所有样本点分配到所属的聚类簇中；根据簇内最小距离指标，更新每个簇的新中心点；重新分配每个点所属的聚类簇；算法迭代，直到聚类中心点不再迭代更新为止。找到聚类中心点，并将中心点的特征向量与中心点匹配，然后保存，以备后续可视化使用；同时将所有点所属的类别保存，以备后续使用。

通过上述聚类，将某城市人群分别划分到了 7 种生活模式中，并根据聚类中心点的特征，实现生活模式可视化过程，如图 13-1 所示。

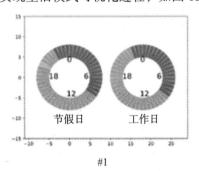

#1

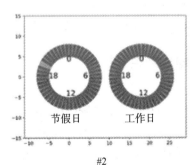

#2

图 13-1　7 种生活模式

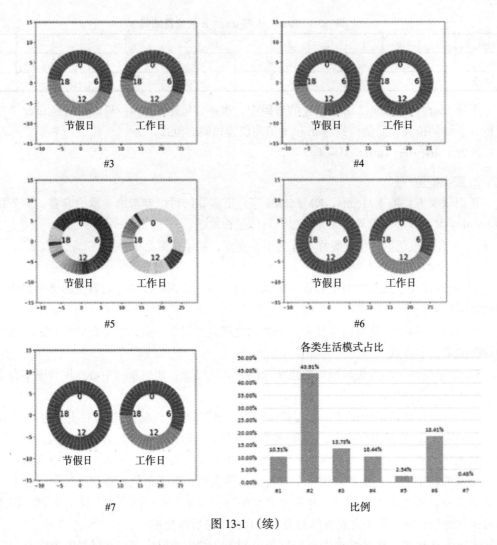

图 13-1 （续）

从上述聚类结果来看，我们初步将某城市的人群生活模式设定为 7 种，并对每一种聚类中心点随时间访问位置的特征向量进行可视化。分别从节假日、工作日的 24 小时分布来观测每类人群访问位置变化情况，并以半小时为最小时间片划分单元。

13.2.5　划分结果分析

根据上述生活模式划分结果，以及人群早晚访问位置进行地图可视化展现，观测不同人群的地理分布特点及其位置随时间的切换特性。

如图 13-2 所示的 #2 人群，无论是早晨 9 点上班时间段，还是晚上 20 点休息时间段，该部分人群的聚集地没有显著变化，同时结合地理位置信息以及商圈 POI 可知，该类人群主要分布在市中心的住宅区、个体商户圈、大学城内的几所高校。这部分人群的分布存在典型特点：人口空间分布基本不随时间变化，这与学校、个体户以及住宅区的人口分布特点相吻合。

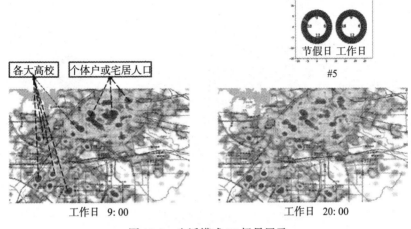

图 13-2　生活模式 #2 场景展示

如图 13-3 所示的 #6 人群，该部分人群在工作日、节假日访问的地理位置信息存在较大区别：节假日基本很少外出，长时间处于居住地，而工作日则在居住地与工作地之间相互切换，同时从访问位置切换时间来看，该部分人群基本于早 8 点从居住地前往工作地上班，下午 17:30 从工作地前往居住地，属于典型的上班族。根据这部分人群所散落的地理位置信息来看，工作日早晨有四处人群聚集区域，其中两块比较特殊：①某公司所处办公区域；②某住宅区域。

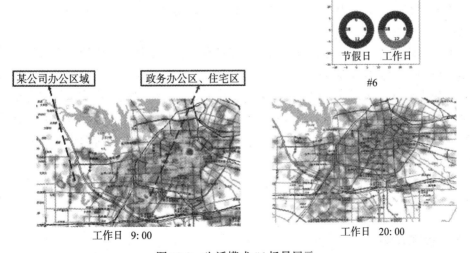

图 13-3　生活模式 #6 场景展示

如图 13-4 所示的 #5 人群，从生活位置切换图中，明显可以看出其活动范围变化得特别频繁，由此推断其可能是出租车司机、专车司机、外卖配送员、快递小哥等。同时我们随机抽取其中一名用户，并将其一天的历史轨迹在地图上进行可视化，观测到其可能是出租车司机。

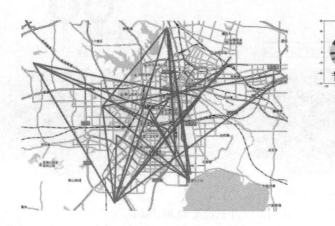

图 13-4　生活模式 #5 场景展示

13.3　道路拥堵模式聚类

我们生活的城市被纵横交错的道路所分割，人们每天上班、下班都需要经过一定的道路；纵横交错的道路犹如一张网络分割了整个城市的各个区域。以班车为例，在不同季节班车司机所选择的路线可能是不同的，即使同一天中，在早高峰和晚高峰班车司机选择的线路也可能存在很大的差距。是什么原因导致班车线路的变化呢？可想而知，是道路的拥堵情况造成了司机选择路线的差异。

整个城市路网的交通运行状态，犹如一幅带有语言的地图，不断向我们诉说着各条路段的通行情况。从交通管理者的角度来说，精确定位拥堵位置、分析拥堵成因、解决拥堵路况是最为重要的；从市政运输管理者的角度来看，分析路段拥堵模式、挖掘拥堵扩散模式、优化整个城市路网通行状态是首要任务；从数据分析者角度来看，统计分析各路段的拥堵情况、结合路网信息挖掘拥堵路段，辅助交警、市政规划局做交通道路建设，是实现数据价值与自我价值的有效途径。

下面就从基础的道路通行状态统计、分析、聚类等维度开展对某个城市道路拥堵情况的分析和研究。

13.3.1　数据介绍

首先介绍案例数据的来源，某城市道路拥堵数据格式如表 13-3 所示。

表 13-3　城市道路拥堵数据格式

字　　段	说　　明
Link_id	某条道路 ID
Work_flag	是否工作日，1：工作日，0：节假日
Time_stamp	采集时间戳，20.5 指 20 点 30 分
Congestion_type	拥堵指数，其中拥堵指数分别为 1——畅通；2——缓行；3——拥堵；4——超级拥堵

样例数据如下：

```
14937620;1;20.5;1
175979;1;20.5;1
85349482;1;20.5;1
165615;1;20.5;1
75287;1;20.5;1
87483783;1;20.5;1
167614;1;20.5;2
123271;1;20.5;1
123270;1;20.5;1
99858;1;20.5;1
49510781;1;20.5;1
```

不同道路拥堵缓行时刻各不相同，如选取合肥某路段一段时间的路况数据，分工作日、节假日每隔半小时统计路况，道路拥堵模式如图 13-5 所示。

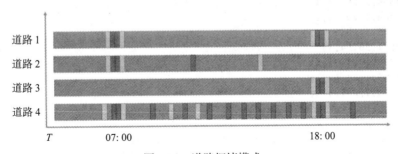

图 13-5　道路拥堵模式

13.3.2　数据预处理

根据给定的某地图路况数据，首先进行数据预处理工作，清洗原始数据并去除缺失数据、错误数据，根据道路 ID 进行数据汇集，计算拥堵指数。

1）清除缺失数据：清除字段为空记录；

2）清除错误数据：清除字段错误记录；

3）根据道路 ID 进行道路拥堵指数聚合；

4）根据时间进行道路拥堵指数排序。

13.3.3　特征构建

仍然以半小时为最小时间粒度（每日 24 小时划分为 48 维时间片），并对道路拥堵指数按时间片进行聚合计算，同时按照 48 维时间片进行拥堵指数排列。

具体处理过程以及代码如下：

```
// 初始化 SparkContext
val conf = new SparkConf().setAppName(this.getClass.getSimpleName)
val sc = new SparkContext(conf)

// 计算道路的拥堵情况，指定道路、工作日状态、时间片时，道路拥堵指数的平均值（四舍五入）取整，key
(linkid, work_flag, hour) value (congestion)
val data = sc.textFile(inPath).map(_.split(";"))
.map {x => ((x(0),x(1),x(2)),x(3))}
.groupByKey().mapValues(x=>{
        val a = x.toList.reduceLeft((sum,i)=>sum +i) // 拥堵指数求和
        val b = x.toList.length
        Math.round(a.toInt/b) // 平均拥堵指数
  })
//data.coalesce(1).saveAsTextFile(output)
```

结果输出如下：

```
((87477383,1,20.5),4)
((87477380,1,20.5),1)
((87477386,1,20.5),1)
((87477384,1,20.5),1)
((87477385,1,20.5),1)
((115668,1,20.5),1)
((13284798,1,20.5),1)
((13284799,1,20.5),1)
((85145828,1,20.5),1)
……
```

```
// 根据 key 聚合数据后，使用 hour 进行排序 并删除 hour 数据
// key (linkid,work_flag, hour) value (congestion) ->(linkid) value (work_
flag,congestion)
val collectData = data.sortBy(x=>x._1._3)
.map(x => ((x._1._1),(x._1._2+":"+x._2)))
.reduceByKey(_ + ";" + _)
//collectData.coalesce(1).saveAsTextFile(output)
```

结果输出如下：

```
(87477496,1:1)
(85133709,1:1)
(95175412,1:1)
(87578582,1:1)
……
```

经过上述特征处理，每条道路的特征如表 13-4 所示，每条道路在工作日、节假日分别存在 48 维拥堵指数（每半小时产生并计算一次拥堵指数），各路段存在唯一标识字段 link_id，特征维度为 96，特征取值范围是 [1, 2, 3, 4]。

表 13-4　道路特征

link_id	T1	T2	T3	T4	……	T93	T94	T95	T96
209	1	1	1	1		2	3	1	1
1567	1	1	2	2		4	3	1	1

每条道路分别按照节假日、工作日计算拥堵指数；在每个自然日的 24 小时中，以半小时为最小时间粒度，每半小时聚合并计算一次拥堵指数。例如某条道路 6:00 至 6:30 这一时间段，从一个月的工作日统计数据来看，存在接近 21 条拥堵指数记录，congestion_list = [1,1,1,1,2,1,1,2,2,3,1,1,……]，根据众数投票原则，选择标识出现最多的拥堵指数作为该条道路在这 30 分钟（1 个时间片）的拥堵指数。

图 13-6 形象地展现了两条道路在经过上述拥堵指数计算后的拥堵特征，每条道路存在 96 维拥堵指数，前 48 维代表工作日，后 48 维代表节假日。

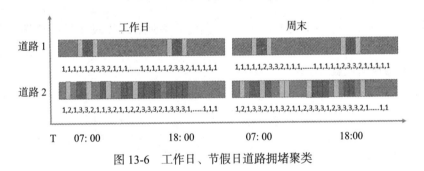

图 13-6　工作日、节假日道路拥堵聚类

13.3.4　拥堵模式挖掘

聚类算法依然采用生活模式挖掘中的 KMedoids 聚类过程，在编码中，一般使用的距离大致有如下几种：① 李氏距离（Lee Distance），一种度量两个字符串之间距离的方法；② 编辑距离，两个字串中的一个转成另一个所需的最少编辑操作次数；③ 汉明距离（Hamming Distance）。

基于编辑距离的特征距离表述如图 13-7 所示。

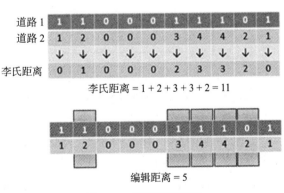

图 13-7　特征距离表述

根据工作日和节假日划分，7 种典型道路拥堵模式呈现如图 13-8 所示。下面简单分析一下它们的具体表现以及地图可视化展示。

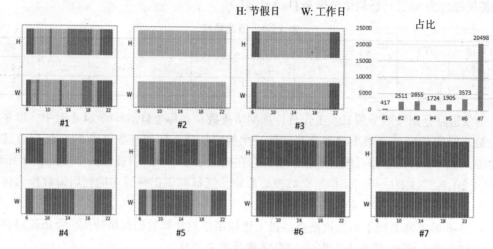

图 13-8 典型模式呈现（合肥市）

如图 13-9 所示，对于 #1 类型，工作日早晚高峰拥堵，节假日早高峰拥堵推迟至 11 点，且 14 点直至 19 点长时拥堵；拥堵聚集在一环道路内以及周边要道；以南一环、北一环、长江路等为典型代表。

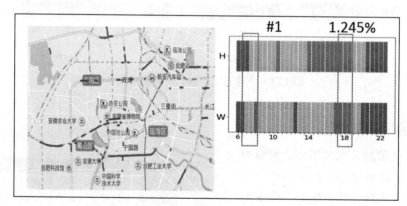

图 13-9 #1 典型模式呈现

如图 13-10 所示，对于 #2 类型，该类道路处于常年缓行状态，主要分布于地铁修建、道路改造特殊地段交叉口处（注：此处因道路改造而封闭或沿线变窄）。

如图 13-11 所示，对于 #3 类型，该类路段从早高峰至晚高峰处于缓行状态，主要分布在市中心各交纵干道间。

如图 13-12 所示，对于 #7 类型，该类路段常年畅通，在市内为某些非主干道，且分布离散，周边郊区畅通连续的贯穿路网。

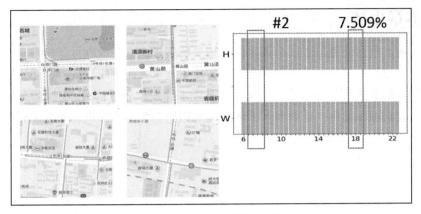

图 13-10　#2 典型模式呈现

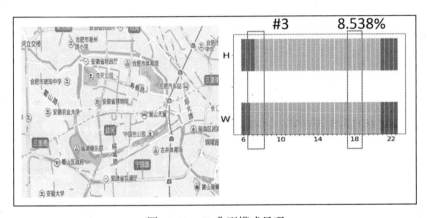

图 13-11　#3 典型模式呈现

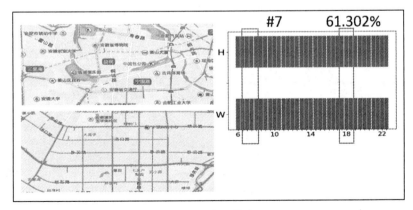

图 13-12　#7 典型模式呈现

13.4 本章小结

智慧交通大数据应用是大数据技术深入拓展的场景，也是理解机器学习算法优秀的示范案例，本章通过人群生活模式划分和道路拥堵模式聚类两个应用场景，抛出智慧交通大数据应用问题的解决思路和过程，从实际业务需求出发，介绍了 Spark 编程分析和实现过程，希望通过这两个案例，让更多人了解如何使用机器学习算法进行大数据价值挖掘，并获得智慧交通大数据应用的些许经验。

推荐阅读